Die Gemischbildungen der Gasmaschinen.

Dissertation

zur

Erlangung der Würde eines Doktor-Ingenieurs

von der

Kgl. Technischen Hochschule zu Aachen

genehmigt.

Vorgelegt von

Dipl.-Ing. G. Hellenschmidt.

Referent: Professor Langer.
Korreferent: Professor Wallichs.

Springer-Verlag Berlin Heidelberg GmbH

ISBN 978-3-642-89825-9   ISBN 978-3-642-91682-3 (eBook)
DOI 10.1007/978-3-642-91682-3

Softcover reprint of the hardcover 1st edition 1911

Inhalt.

                                                                        Seite
A. Einleitung 1

B. Allgemeine Voraussetzungen. 2

  I. Was hat die praktische Erfahrung und die wissenschaftliche
     Forschung in der Gemischbildung bisher ergeben? 2
     Abhängigkeit des Wärmeverbrauches und der Zündfähig-
     keit der Gemische vom Mischungsverhältnis. — Einfluß
     der Verdichtungsspannungen und der Homogenität auf die
     Regulierfähigkeit einer Gasmaschine. —
 II. Welche allgemeine Bedeutung hat die Gemischbildung für
     den gesamten Gasmaschinenprozeß? 6
III. Worin bestehen die allgemeinen baulichen Mittel für die
     Gemischbildungen? 8
     Viertakt — Zweitakt.

**C. Spezielle Untersuchungen über die Gemischbildungen der Gas-
maschinen** 9

  I. Welche Betriebsverhältnisse bringen Veränderungen des
     Mischungsverhältnisses? 9
     Beabsichtigte Tourenänderungen mit gesetzmäßigen
     Strömungserscheinungen. — Unbeabsichtigte Massen-
     wirkungen und Druckänderungen der Gassäule mit nicht
     gesetzmäßigen Strömungserscheinungen. — Analytische
     Untersuchung dieser Strömungsvorgänge bei Viertakt. —
 II. Warum ist gerade Viertakt besonders empfindlich hier-
     gegen? 17
     Gemeinsames Ansaugen in einen einzigen Querschnitt. —
III. Worin äußern sich Änderungen des Mischungsverhältnisses? 20
     Streuung — Fehlzündung — Zündgeräusch.
 IV. Über homogene Gemischbildung 24
  V. Bestimmung des Mischungsverhältnisses 27
     Explosionsgrenzen — Günstigste Mischungen und Ver-
     dichtungsspannungen. — Tabelle. —
 VI. Graphische Untersuchung der Strömungsvorgänge während
     der Gemischbildung 31

	Seite
D. Folgerungen	36

    I. Die Erzielung geringer Tourenzahlen bei Viertaktgasmaschinen   36
       Beispiel.

    II. Folgerungen konstruktiver Art über die Wahl der Regulierung bzw. der Gemischbildung, sowie über die Bauart der Mischorgane 39

E. Kurze Bewertung des Zweitaktes von v. Oechelhaeuser oder Körting nach gleichen Gesichtspunkten 48

A. Einleitung.

Die Gasmaschinenregulierungen werden in vielen Fällen nur vom rein wärmetheoretischen Standpunkt aus beurteilt. Die höchste Ausnützung der Brennstoffe tritt dabei in den Vordergrund, und die Regulierung geht darauf hinaus, den Verbrennungsvorgang bei allen Belastungen mit einer gleichhohen Verdichtungsspannung einzuleiten, um so die Vorteile der hohen Verdichtung auf den Wärmeverbrauch über das ganze Reguliergebiet zu sichern. (Gemischregulierung).

Abgesehen davon, daß dieses Bestreben leicht zu Überanstrengungen der Maschine führt, muß dabei der wichtigste Faktor der Gasmaschinenregulierung, nämlich die Mischung zwischen Luft und Gas — das Mischungsverhältnis — notwendigerweise in den Hintergrund treten; ein Umstand, der jedoch nicht unbedeutende Nachteile für die Regulierung mit sich bringt:

Zunächst lassen die Zündgrenzen der einzelnen Gemische eine so weite Mischungsänderung, wie sie diese Gemisch-Regulierung innerhalb Vollast und Leerlauf erfordert, meistens nicht zu. Hauptsächlich wirken aber die in jedem Betriebe unvermeidlichen Störungen in der Gemischbildung, wie sie durch Druckschwankungen in den Zuleitungen stets vorhanden sind, in der Nähe dieser Zündgrenzen äußerst nachteilig auf die Regulierung ein.

Diese Nachteile treten vor allem bei Viertakt durch das ihm eigene Ladeverfahren (gemeinsames Ansaugen in einen einzigen Querschnitt) in erhöhtem Maße in Erscheinung, besonders dann, wenn es sich um größere Touränderung der Maschine handelt.

Die günstigen Regulierergebnisse, welche dagegen allgemein durch die Regulierung mit gleichem Mischungsverhältnis, d. i. Füllungsregulierung, erhalten werden, und die guten Erfahrungen, die ich während einer mehrjährigen praktischen Tätigkeit im Gasmaschinenbau stets damit machen konnte, haben mich veranlaßt, die Vorgänge bei der Gemischbildung dieser Regulierung näher zu untersuchen und den Beweis darüber zu führen, daß diese günstigen Ergebnisse allein in der hohen Drosselung des Gemischstromes zu suchen sind, welche die Füllungsregulierung im Leerlauf mit sich bringt: Durch die erhöhte Drosselung des Gemischstromes im Einlaß können nämlich bei der Füllungsregulierung wesentlich günstigere Regulier-Ergebnisse erzielt werden als durch die hohe Verdichtung im Leerlauf bei der Gemischregulierung. Die hohen Mischdrücke gewährleisten in allen Fällen eine gleichmäßige Zusammensetzung des Gemisches, auch wenn Druckschwankungen in den Zuleitungen auftreten.

Dabei war es mir auch darum zu tun, die großen Vorteile der Füllungsregulierung für beabsichtigte Tourenänderungen, d. i. für die Regulierung der Gasmaschinen innerhalb weiter Tourengrenzen, besonders hervorzuheben und daran anschließend auch die Gemischbildung des Zweitaktes entsprechend zu bewerten.

B. Allgemeine Voraussetzungen.

I. Was hat die praktische Erfahrung und die wissenschaftliche Forschung in der Gemischbildung bisher ergeben?

Der in der Gasmaschinentheorie bereits längst erkannte günstige Einfluß einer hohen Verdichtung des Gemisches auf den Wirkungsgrad der Wärmeumsetzung gelangte in der Praxis erst dann zu seiner vollen Bedeutung, als die heizwertarmen Gase verwertet wurden und gleichzeitig nähere Forschungen über die Gemischbildungen einsetzen. Auf die mit Luft hochverdünnten Mischungen dieser Gase konnte die geforderte hohe Verdichtung ohne Gefahr von Frühzündungen angewendet werden; es ergaben sich dabei ruhige, nicht stoßartige Verbrennungen und eine, die Ergebnisse der reichen Gemische weit übertreffende Wärmeausnützung.

Damit waren auch neue erstrebenswerte Ziele für die Regulierung der Gasmaschinen gegeben, es traten vor allem die Forderungen nach möglichst weitgehender Verdünnung der Gemische mit Luft auf, und damit auch gleichzeitig neue Gesichtspunkte für die Gemischbildung.

In der Fachliteratur finden sich erst neuerdings Abhandlungen, die den Gasmaschinenprozeß von der **Gemischbildung** aus näher betrachten:

In erster Linie liefert die in jüngster Zeit in den Laboratorien der Technischen Hochschulen aufgenommene rege praktische Tätigkeit einwandfreie Aufklärungen und wissenschaftliche Beweise über den großen Einfluß, den der einmal in der Gasmaschine eingeleitete Vermischungsvorgang auf die Umsetzung der Wärmeenergie der Gase und auf die Regulierung der Maschine ausübt.

Ferner finden sich an einzelnen Stellen der Zeitschrift des Vereines deutscher Ingenieure eingehende Abhandlungen und Beiträge aus der Praxis, von denen ich vor allem diejenigen von Kutzbach über „Die Abhängigkeit der Wärmeausnützung der Gasmaschine vom Mischungsverhältnis" (Bd. 51) besonders hervorheben möchte.

Zunächst möchte ich hier von den ebenfalls von Kutzbach erörterten wissenschaftlichen Arbeiten ausgehen, welche Dr. Nägel im Maschinen-Laboratorium der Technischen Hochschule zu Dresden an einer 8-PS-Gasmaschine über den „Einfluß des Mischungsverhältnisses auf die Wärmeausnützung in der Gasmaschine" vorgenommen hat (s. Forschungsarbeiten, Heft 54).

Dr. Nägel stellte seine Versuche in der Weise an, daß er die Maschine innerhalb bestimmter Versuchsreihen mit konstantem Kompressionsverhältnis und konstanter Belastung arbeiten ließ Verändert wurde dabei nur das Mischungsverhältnis. Die Ergebnisse seiner Versuche, nämlich den stündlichen Wärmeverbrauch der Leistungseinheit, faßte er graphisch in Kurven zusammen, aus denen eine Änderung des Wärmeverbrauches mit der Änderung des Mischungsverhältnisses in übersichtlicher Weise klar zu erkennen ist: Die Versuche zeigen, daß sich der Wärmeverbrauch mit fortschreitender Verdünnung der Gemische mit Luft bei gleichzeitiger Erhöhung der Temperatur derselben durch Kompression stetig verbessert; eine Tatsache, welche auch schon Prof. E. Meyer in seinen Göttinger Versuchen (Forsch.-Arb. Heft 2 und 8) und Andere früher festgestellt haben.

Von besonderem Interesse und zu weiteren Schlüssen geeignet erscheinen mir aber die graphischen Darstellungen Nägels, in welchen die Ergebnisse der einzelnen Versuchsreihen von gleichem

Kompressionsverhältnis geometrisch in solche von gleicher Kompression umgesetzt werden.

Das photographische Bild dieser Umsetzung habe ich hier in Fig. 1 wiedergegeben.

Bezüglich der Regulierung einer Gasmaschine läßt diese Darstellung außer den Nägelschen Schlüssen deutlich erkennen, wie wenig anpassungsfähig eine Gasmaschine mit niedriger Kompression an auftretende Mischungsänderungen ist: Eine geringe Änderung des Mischungsverhältnisses, wie dies — wie wir später sehen werden — im Betriebe nur zu oft vorkommt, weist hier

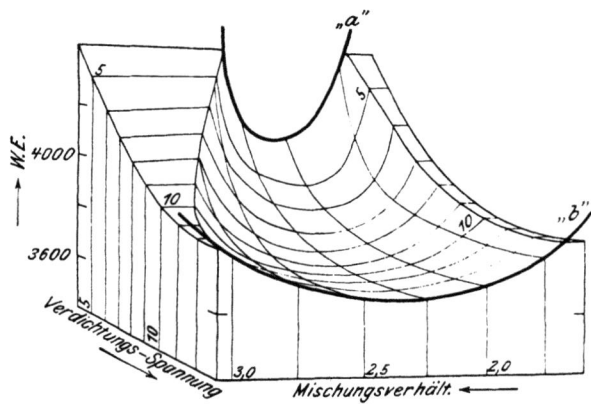

Fig. 1.

starke Veränderungen im Wärmeverbrauch auf, die so rasch im ungünstigen Sinne ansteigen, daß selbst bei geringer Mischungsänderung ein Zustand eintritt, der zum Stillstand der Maschine unter Last führt (Kurve a). Dagegen zeigt die Darstellung, wie günstig sich eine Gasmaschine verhält, die mit höherer Verdichtung arbeitet: Hier erkennt man, daß das Mischungsverhältnis sich selbst in weiten Grenzen verändern kann, ohne daß sich dadurch eine wesentliche Veränderung im Wärmeverbrauch zeigen würde. Die Zone des rationellen Mischungsverhältnisses erstreckt sich hier über weite Grenzen; die Maschine ist unempfindlich gegen die unvermeidlichen Störungen in der Gemischbildung und hier geeignet, sich ohne weiteres an eintretende Mischungsänderungen bezw. Belastungsschwankungen anzupassen, ohne die Gleichmäßigkeit des Ganges wesentlich zu beeinflussen (Kurve b).

Die Nägelschen Versuche zeigen auch, daß mit der fortschreitenden Verdünnung der Gemische die Verbesserung des Wärmeverbrauches innerhalb einer Versuchsreihe nur bis zu einem bestimmten Grade der Verdünnung anhält, und von da ab eine Verschlechterung eintritt. Wenn nun auch in erster Linie dies in der unzureichenden Kompression der verdünnten Gemische begründet ist, so liegt die Ursache der Verschlechterung doch nicht zuletzt in der geringen Durchschlagsfähigkeit des Zündfunkens in verdünnten, durch Kompression nicht genügend vorgewärmten Gemischen. Die entsprechenden Diagramme lassen dies auch deutlich erkennen und zeigen von dem günstigsten Mischungsverhältnis an aufwärts bei noch weiterer Verdünnung eine unvollständige Verbrennung (Nachbrennen).

Die Versuche, welche Nägel hieran anschließend über die Zündfähigkeit von Gas-Luft-Mischungen im gleichen Laboratorium eigens vornahm, haben zahlenmäßig eine Zunahme der Zündfähigkeit mit dem Gasgehalt und mit der Temperatur des Gemisches ergeben, während die Höhe des Kompressionsdruckes allein, ohne gleichzeitige Erwärmung des Gemisches, von geringem Einfluß darauf ist.

Damit bestätigt Nägel, was Prof. Stauber schon früher durch praktische Versuche an einer großen Gasmaschinenanlage nachgewiesen hat. Stauber bezeichnet in seinen diesbezügl. Veröffentlichungen auch die Erwärmung des Gemisches durch die Kompression als den einflußreichsten Faktor auf die Zündfähigkeit, weist aber auch gleichzeitig noch darauf hin, daß die Zündfähigkeit für ein und dasselbe Gemisch nur dann auf gleich günstiger Höhe erhalten werden kann, wenn es sich in allen Fällen um ein Gemisch von in sich ganz homogenem Gefüge handelt.

Die Homogenität der Gemische tritt damit für alle Arten von Gemischbildungen in den Vordergrund: sie bietet in wiederholten Fällen die sicherste Gewähr für eine stets gleichmäßige Verbrennung und damit die sicherste Grundlage jeder Gasmaschinen-Regulierung.

Die bisherige praktische Entwicklung des Gasmaschinenbaues hat also im Zusammenhang mit der wissenschaftlichen Forschung allgemein folgende Resultate für die Gemischbildungen ergeben:

1. Die theoretisch geforderte hohe Verdichtung der Gemische vor der Verbrennung wird durch eine möglichst weitgehende Verdünnung der Brennstoffe mit Luft erreicht.
2. Die hohe Verdichtung verdünnter Gemische bietet ein wirksames Mittel, um störende Faktoren der Gemischbildung in ihrem Einfluß auf den Wärmeeffekt des Gasmaschinenprozesses abzuschwächen und die Regulierung der Maschine unempfindlich gegen auftretende Schwankungen in der Gemischzusammensetzung zu machen.
3. Die Regulierfähigkeit einer Gasmaschine wird durch hochverdichtete Gemische von möglichst homogener Zusammensetzung erhöht.

Im folgenden soll nun noch näher dargelegt werden, daß die Regulierfähigkeit einer Gasmaschine weiterhin auch durch hohe Mischdrücke, d. i. durch hohe Eintrittsgeschwindigkeiten von Luft und Gas in den Regulierquerschnitten, erhöht werden kann. — Vordem will ich nur kurz auf die allgemeine Bedeutung der Gemischbildung für den gesamten Gasmaschinen-Prozeß hinweisen, und die praktische Umsetzung dieses Prozesses in Maschinen kurz andeuten.

II. Welche allgemeine Bedeutung hat die Gemischbildung für den gesamten Gasmaschinenprozeß?

Betrachten wir den gesamten Vorgang der Wärmeumsetzung in der Gasmaschine, so ist bekanntlich die Umwertung der allen Brennstoffen innewohnenden chemischen Energie in mechanische Arbeit nur durch die Vereinigung einer Reihe von verschiedenen und der Natur nach voneinander abweichenden Prozessen möglich. Diese Prozesse lassen sich in zwei Hauptgruppen teilen:

1. Die Herstellung einer brennbaren Mischung zwischen Brennstoff und Luft nebst Vorbereitung dieser Mischung für eine möglichst wirtschaftliche Verbrennung. (Mechanischer Vorgang — Gemischbildung.)

2. Der eigentliche Verbrennungsprozeß selbst mit nachfolgender Wärmeumsetzung in mechanische Arbeit (chemischer und thermodynamischer Vorgang).

Die erste Prozeßgruppe umfaßt hiernach 3 einzelne Vorgänge, nämlich die Vermischung nebst Abmessung der Gemischmengen, für die jeweilige Belastung, die Verdichtung des Gemisches und die Reinigung des Zylinders von den Verbrennungsprodukten, während die zweite Prozeßgruppe nur einen Vorgang, nämlich die Wärmeumsetzung des Gemisches darstellt.

Für diese Teilung spricht schon außer der im ersten Abschnitt erörterten direkten Abhängigkeit der Kompression von der Gemischzusammensetzung der Umstand, daß sich beide Prozeßgruppen zeitlich und örtlich voneinander trennen und in eigenen unabhängigen Maschinen ausführen lassen; die jeweilig getroffene Vereinigung und die Zeitdauer, die für die einzelnen Prozesse innerhalb eines vollen Wärmeumsetzungsspieles zur Verfügung stehen, bestimmen dann die verschiedenen Systeme von Verbrennungskraftmaschinen.

Während nun die baulichen Organe der zweiten Prozeßgruppe bei allen Gasmaschinensystemen ziemlich übereinstimmen, weichen sie in der ersten Prozeßgruppe bei den meisten Systemen wesentlich voneinander ab.

Die zweite Prozeßgruppe verläuft an sich völlig zwanglos und läßt sich nicht mehr beherrschen, sobald sie durch die Zündung des Gemisches eingeleitet ist; die Beherrschung des gesamten Gasmaschinenprozesses liegt demnach ausschließlich in der ersten Prozeßgruppe, sodaß, wenn einmal in der Gasmaschine dieser erste Gruppenprozeß durchgeführt ist, auch der ganze Effekt des Gasmaschinenprozesses festliegt.

Hieraus erklärt sich auch der unmittelbare charakteristische Zusammenhang der Regulierung einer Gasmaschine mit der Gemischbildung: Wir besitzen bis heute noch keine praktisch brauchbare Gasmaschine, bei welcher die Verbrennung zwangläufig derart geregelt werden kann, daß ähnlich wie bei der Admissionsperiode der Dampfmaschine in jedem Zeitelement der Wärmeumsetzung eine genau abgemessene Wärmemenge in den Prozeß durch den Regler der Maschine eingeführt wird. Der Regler einer Gasmaschine kann nicht direkt auf die Diagrammbildung einwirken, sondern vermag dies nur indirekt dadurch, daß er die Gemischbildung, also einen zeitlich und örtlich von der Wärmebildung getrennten Prozeß, beeinflußt.

Für die Beurteilung der verschiedenen Systeme von Verbrennungskraftmaschinen kann der Effekt des zweiten Prozesses relativ nur als eine unwesentlich veränderliche Wertziffer in Betracht gezogen werden; der erste Prozeß und die baulichen Mittel für dessen Verwirklichung dagegen sind in erster Linie kennzeichnend für die Wertigkeit eines Gasmaschinensystems.

III. Worin bestehen die allgemeinen baulichen Mittel für die Gemischbildungen?

Die baulichen Mittel für die Gemischbildungen bestehen im allgemeinen darin, daß den eigentlichen Verbrennungsmaschinen (Verbrennungszylinder) besondere Organe vorgeschaltet werden, die die Gemischbildung zunächst mit der Bestimmung übernehmen, die Luft- und Gasmengen unter Vermittlung des Regulators abzumessen und gleichzeitig zu einem homogenen Gemisch von bestimmtem Mischungsverhältnis zu vereinigen, ferner dieses Gemisch zu verdichten und den Verbrennungszylinder von den Verbrennungsprodukten zu reinigen.

Es ist wohl naheliegend, daß für eine so vielseitige Aufgabe der Gemischbildungen auch verschiedene Lösungen konstruktiver Art möglich sind, doch tritt die Verwirklichung des gesamten Vorganges typisch in folgenden 3 Kombinationen auf:

1. Die Abmessung, Vermischung und fertige Vorbereitung des Gemisches, einschließlich Reinigen des Zylinders von den Verbrennungsprodukten erfolgt ausschließlich nur durch den Verbrennungszylinder mit einem Kolben. — Viertaktverfahren.

2. Die Gemischbildung wird unter Zuhilfenahme von eigenen, vom Verbrennungszylinder getrennten Pumpen eingeleitet und durch den Verbrennungszylinder zu Ende geführt. Die Pumpen übernehmen dabei die Abmessung der Gemischmengen, die Vermischung und Reinigung; der Verbrennungszylinder die Verdichtung. — Zweitaktverfahren.

3. Die Gemischbildung erfolgt in der Weise, daß Brennstoff und Luft voneinander getrennt, z. T. in eigenen

Pumpen, z. T. in dem Verbrennungszylinder fertig verdichtet werden, während die Vermischung beider gleichzeitig mit der Verbrennung im Verbrennungszylinder erfolgt. — **Viertaktverfahren von Diesel.**

Von diesen Möglichkeiten hat das Viertaktverfahren die größte Bedeutung erlangt. Die Wärmeumsetzung erfolgt hier mit den einfachsten technischen Mitteln. Die Gasmaschine arbeitet hier während 3 Kurbelhüben als Kompressor vorbereitend für die im 4. Hub im gleichen Cylinder stattfindende Verbrennung. Diese überaus sorgfältige Gemischbildung während der längsten Zeit des Umsetzungsprozesses zeichnet das Verfahren vor allen andern aus.

C. Spezielle Untersuchungen über die Gemischbildungen der Gasmaschinen.

I. Welche Betriebsverhältnisse bringen Veränderungen des Mischungsverhältnisses?

In dem vorhergehenden Abschnitt haben wir an Hand von wissenschaftlichen Versuchen und praktischen Erfahrungen die große Bedeutung des Mischungsverhältnisses für den nachfolgenden Verbrennungsvorgang und insbesondere für den gesamten Gasmaschinenprozeß kennen gelernt.

Von der Bedeutung der Verdichtung und deren Zusammenhang mit der Regulierung abgesehen, haben wir dort erkannt, daß ein und dasselbe Gemisch von überall gleichem Mischungsverhältnis, also von vollkommen homogener Zusammensetzung, in wiederholten Fällen stets unter den gleichen Erscheinungen verbrennt und jederzeit die gleiche Diagrammbildung und Arbeitsleistung zur Folge hat.

Die Erhaltung eines gleichen Mischungsverhältnisses tritt daher für alle Gemischbildungen in den Vordergrund, und es ist naheliegend diese Forderung nicht allein auf die Mischungen innerhalb eines Ladevorganges, sondern auch auf das ganze Reguliergebiet der Maschine zu übertragen.

Der praktische Gasmaschinenbetrieb bringt nun aber unvermeidliche Betriebsverhältnisse mit sich, unter denen sowohl eine vollkommen homogene Mischung als auch die Einhaltung eines bestimmten Mischungsverhältnisses nicht immer möglich sind; Betriebsverhältnisse, die nicht direkt unter die Herrschaft des Regulators gestellt werden können und dadurch eine willkürliche Veränderung in dem Beharrungszustande der Gemischbildung und im Gange der Maschine hervorrufen. Sie treten vor allem bei Viertakt, wie wir später noch näher erörtern wollen, in erhöhtem Maße in Erscheinung.

Um nun diese Betriebsverhältnisse kennen zu lernen, müssen wir die **Strömungsvorgänge** bei der Ladung näher untersuchen:

Die Luft- und Gasmengen, welche in das vom Arbeitskolben frei gegebene Zylindervolumen durch den Druck der Atmosphäre einströmen, sind, von den Reibungswiderständen und spez. Gewichten etc. abgesehen, durch die vom Regulator frei gegebenen **kleinsten Querschnitte** in den Zuleitungen und durch die **Druckdifferenz** bestimmt, welche zwischen dem Mischraum und den Rohrleitungen vorhanden ist. Das Mischungsverhältnis ist daher i. W. nicht allein von dem Querschnittsverhältnis der Zuleitungen abhängig, sondern auch noch von einem zweiten Faktor, nämlich dem Druckunterschied vor und hinter den Regulierquerschnitten.

Die Abmessung der verschiedenen Gemischmengen für die einzelnen Belastungen erfolgt dann in der Weise, daß der Regulator entweder die Luft- und Gasquerschnitte bei allen Belastungen in einem bestimmten Verhältnis gleichweit, jedoch nur während einer bestimmten Zeit des Saughubes öffnet, oder dadurch, daß er diese Querschnitte unter Beibehaltung des gleichen Querschnittsverhältnisses mit abnehmender Belastung verkleinert, gleichzeitig aber während des ganzen Saughubes offen hält. Der Regulator vermag also im allgemeinen nur auf die Querschnitte der Zuleitungen direkt einzuwirken; auf die Druckdifferenzen in diesen Querschnitten dagegen ist er ohne Einfluß. Der zweite bestimmende Faktor des Mischungsverhältnisses kann sich also willkürlich ändern und dadurch Unregelmäßigkeiten in der Gemischzusammensetzung hervorrufen.

Um nun diesen Einfluß der Druckdifferenzen auf das Mischungsverhältnis festzustellen, wollen wir das Indikator-Diagramm nach Fig. 2, S. 12 u. 13, soweit es für den Ladevorgang einer Viertakt-

Veränderungen des Mischungsverhältnisses. 11

gasmaschine in Betracht kommt, näher betrachten und versuchen, die vielfachen Druckschwankungen rechnerisch in bestimmte Grenzen zu fassen.

Gleichzeitig führen wir in die Untersuchung folgende Bezeichnungen ein:

p_g = abs. Gasdruck in der Gasleitung in mm WS.
p_l = abs. Luftdruck in der Luftleitung in mm WS.
h = $p_g - p_l$ = Gasüberdruck in mm WS.
p_0 = abs. Druck im Mischraum in mm WS.
P_g = $p_g - p_0$ = Druckdifferenz im Regulierquerschnitt zwischen Gasleitung und Zylinder in mm WS.
P_l = $p_l - p_0$ = Druckdifferenz im Regulierquerschnitt zwischen der Luftleitung und dem Zylinder in mm WS.
F = Kolbenfläche des Zylinders in qm.
c = Kolbengeschwindigkeit in m/sek.
f_g = Regulierquerschnitt für Gas in qm
f_l = Regulierquerschnitt für Luft in qm
q = $f_l : f_g$ = Querschnittsverhältnis der Regulierquerschnitte
v_l = Luftgeschwindigkeit im Regulierquerschnitt f_l in m/sek.
v_g = Gasgeschwindigkeit im Regulierquerschnitt f_g in m/sek.
m = Mischungsverhältnis zwischen Luft und Gas
μ = Reibungskoeffizient.
γ_l = spec. Gewicht der Luft in kg/cbm
γ_g = spec. Gewicht des Gases in kg/cbm

In der Fig. 2 (S. 12) sind übereinander 3 Diagramme eingetragen, wie sie die **Füllungs - Regulierung** für Leerlauf, halbe Last und Vollast mit schwacher Indikatorfeder ergibt.

Die Sauglinie a—b des Diagrammes läßt erkennen, daß die Drücke p_0 im Zylinder, bzw. die Druckdifferenzen P_l und P_g zwischen der Rohrleitung und dem Zylinderinnern nicht allein mit der Belastung sich **gesetzmäßig** ändern, sondern daß diese auch innerhalb einer Belastung, während des Saughubes, veränderlich sind. Die Saugspannungen P_l und P_g, unter denen **Luft** und **Gas** in den Mischraum treten, nehmen von Beginn des Saughubes an allmählich zu und erreichen erst ungefähr im zweiten Drittel des Hubes, bei Leerlauf noch später, einen konstanten Wert.

12 Untersuchungen über die Gemischbildungen der Gasmaschinen.

Unter der Annahme, daß nun der Regulator in jeder Kolbenstellung des Saughubes ein konstantes Querschnittsverhältnis q zwischen den Luft- und Gaseingängen freigibt — wie dies der Füllungsregulierung zugrunde liegt —, werden dann infolge der verschiedenen Strömungsdrücke P_1 und P_g auch verschiedene Mengen von Luft und Gas in den Zylinder einströmen und dadurch Gemische von verschiedenem Mischungsverhältnis erzeugen. Das Gemisch wird im vorliegenden Falle nicht allein für die verschiedenen Belastungen verschieden sein, sondern auch zu Anfang eines

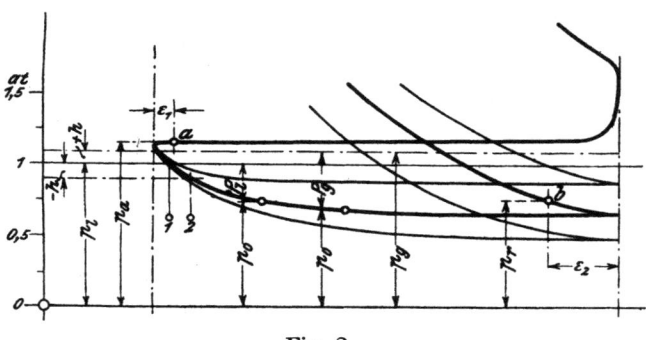

Fig. 2.

jeden Saughubes, besonders bei Leerlauf, von dem Mischungsverhältnis gegen Ende des Hubes wesentlich abweichen; das Mischungsverhältnis wird erst dann einen konstanten Wert annehmen, wenn sich P_1 und P_g nicht mehr ändern.

Die Gesetzmäßigkeit solcher Änderungen des Mischungsverhältnisses mit den durch das Diagramm festgelegten Strömungsdrücken können wir aus der folgenden Kontinuitätsgleichung entnehmen:

$$F \cdot c = F_1 \cdot v_1 + f_g \cdot v_g \quad \ldots \ldots \quad (1)$$

$$v_1 = \sqrt{2 g \cdot P_1 \cdot \frac{1}{\gamma_1}} \cdot \mu \cdot \ldots \ldots \quad (2)$$

$$v_g = \sqrt{2 g \cdot P_g \cdot \frac{1}{\gamma_g}} \cdot \mu \cdot \ldots \ldots \quad (3)$$

$$m = \frac{f_1 \cdot v_1}{f_g \cdot v_g} = q \cdot \sqrt{\frac{P_1 \cdot \gamma_g}{P_g \cdot \gamma_1}} \quad \ldots \quad (4)$$

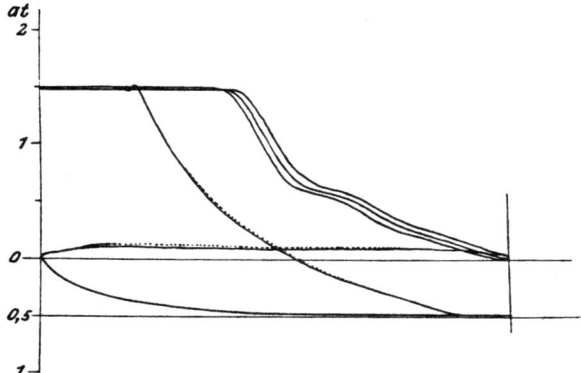

Fig. 2a.

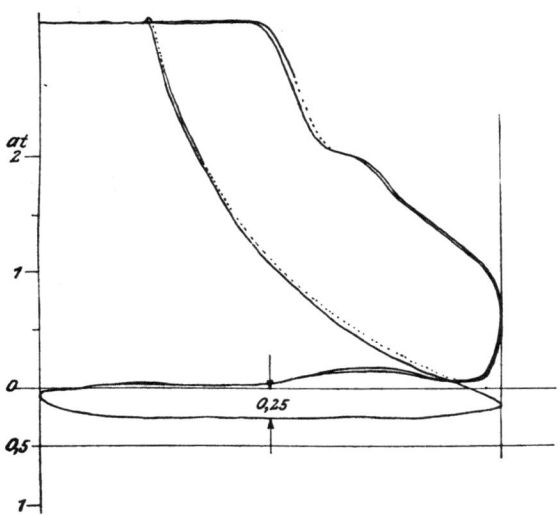

Fig. 2b.

Danach ändert sich also P_l und P_g bei sonst gleichem Querschnittsverhältnis $F : f_l : f_g$ nach Gleichung (1) in einer bestimmten gesetzmäßigen Folge mit der Kolbengeschwindigkeit c, wenn die Stetigkeit der Einströmung während des ganzen Saughubes bewahrt bleiben soll.

14 Untersuchungen über die Gemischbildungen der Gasmaschinen.

Hieraus ergibt sich auch der unmittelbare Zusammenhang der Tourenzahl einer Gasmaschine mit den Strömungsvorgängen in den Regulierquerschnitten des Gemisches: Jede Veränderung der Tourenzahl hat danach notwendigerweise auch eine bestimmte gesetzmäßige Änderung des Mischungsverhältnisses zur Folge solange mit gleichem Querschnittsverhältnis q für alle Tourenzahlen gerechnet wird.

Beide Faktoren, die Kolbengeschwindigkeit und die Tourenzahl, sind nun aber im Betriebe steten unvermeidlichen Änderungen unterworfen, und zwar die Kolbengeschwindigkeit innerhalb eines jeden Saughubes durch die Bewegungsverhältnisse des Schubkurbelgetriebes, und die Tourenzahl infolge der Tourenschwankungen des Regulators für verschiedene Belastungen innerhalb des Ungleichförmigkeitsgrades.

Im normalen Betriebe beträgt der Unterschied der Tourenzahlen zwischen Leerlauf und Vollast allgemein ungefähr 5 %, jedoch bringt der Gasmaschinenbetrieb auch Betriebsfälle mit sich, bei denen wesentlich größere Tourenschwankungen gefordert werden:

In erster Linie trifft dies für das Anlassen der Gasmaschinen zu. Hier muß eine sichere Mischung von bestimmtem Mischungsverhältnis selbst bei den kleinsten Tourenzahlen erzielt werden können, wenn die Maschine überhaupt in Gang kommen soll.

Ferner wird bei Stahlwerksgebläsen, Wasserhaltungsmaschinen und dergl. häufig die Leistung dadurch reguliert, daß die Tourenzahl innerhalb weiter Grenzen geändert wird.

In allen diesen Fällen kann das Mischungsverhältnis nur dann in bestimmten Grenzen gehalten werden, wenn das Querschnittsverhältnis der Luft- und Gaseingänge geändert und den jeweilig vorhandenen Strömungsvorgängen angepaßt wird. Es ist die auch der einzige Faktor, welcher nach den obigen Gleichungen 1—4 ausgleichend auf die Zusammensetzung des Gemisches einwirken kann.

Solange es sich nun nur um Änderungen des Mischungsverhältnisses handelt, welche durch die Änderung der Kolbengeschwindigkeit und der Tourenzahlen hervorgerufen werden, ist das Druckverhältnis zwischen P_1 und P_g bei sonst gleichen Gasdrücken h in jeder Kolbenstellung und bei jeder Tourenzahl durch das Diagramm genau festgelegt. Es besteht die Möglichkeit

Veränderungen des Mischungsverhältnisses. 15

zwischen dem Mischungsverhältnis und den vorhandenen Druckänderungen in der Einströmung eine genaue Gesetzmäßigkeit nach der obigen Kontinuitätsgleichung herzuleiten und die Einlaßquerschnitte in jedem einzelnen Falle den Druckänderungen konstruktiv so anzupassen, daß stets ein Gemisch von bestimmtem Mischungsverhältnis hergestellt werden kann.

Anders liegen jedoch die Verhältnisse, wenn es sich um nicht gesetzmäßige, unbeabsichtigte Druckänderungen in den Regulierquerschnitten handelt. Solche Änderungen treten nämlich durch die Massenwirkungen der Gas- und Luftsäulen in den Rohrleitungen, durch Wirbelungen und durch die Widerstände in der Gaserzeugung u. dgl. stetig in Erscheinung. Die so erzeugten Druckänderungen bedingen dann ebenfalls eine Änderung des Mischungsverhältnisses, können aber hier, wo sie unkontrollierbar und willkürlich auftreten, nicht immer durch die Regulierquerschnitte ausgeglichen werden.

Jeder Gasmaschinenbetrieb ist zunächst mit einer Änderung des Gasdruckes h behaftet, der bei Hochofengas durch den Hochofenbetrieb und bei Sauggasanlagen durch die Verschlackung des Generators oder durch Verstopfungen der Reinigungsapparate bedingt ist. Die Konstanterhaltung des Gasdruckes h ist selbst bei Gasometerbetrieb nicht immer möglich, bei direktem Sauggasbetrieb ist sie völlig ausgeschlossen. Soll dann auch hier das Mischungsverhältnis konstant erhalten werden, so kann dies nur annähernd durch besondere Vorrichtungen (Drosselklappen) geschehen, die den eigentlichen Regulierquerschnitten vorgebaut und von Hand fest eingestellt werden.

Eine andere Störung in der gleichmäßigen Gemischzusammensetzung besteht auch noch in der Massenwirkung der Gas- und Luftsäulen in den Rohrleitungen:

Das Ansaugen des Kolbens verursacht durch die Veränderung der Kolbengeschwindigkeit während einer Ladung analoge Veränderungen der Strömungsgeschwindigkeiten in den Regulierquerschnitten und Rohrleitungen. Die Gasmassen können hier infolge ihrer Trägheit den Kolbenbewegungen nicht gleichmäßig und stetig folgen; die Gassäule wird im ersten Teil des Saughubes in der Nähe des Regulierquerschnittes gezogen, im zweiten Teil dagegen durch die nachstürzenden Gasmassen gedrückt. Die Gassäule kommt dadurch in Schwingungen und erzeugt in den

16 Untersuchungen über die Gemischbildungen der Gasmaschinen.

Regulierquerschnitten Druckschwankungen, die sich bei Viertakt nach der vollkommen offenen Rohrleitung hin einerseits und dem Zylinderinnern andererseits unter ähnlichen Erscheinungen fortpflanzen können, wie die Schallwellen in freier Luft. Solange die Schwingungen in der Rohrleitung mit den Sinusschwingungen des saugenden Kolbens synchron laufen, und der Regulierquerschnitt sich stets im gleichen Schwingungspunkt befindet, wird der Beharrungszustand der Gemischbildung nicht gestört; derartige Schwingungen sind jedoch im Betriebe nur selten gegeben, da die Resonanz solcher Schwingungen sofort aufgehoben wird, sobald nur eine geringfügige Änderung in der Tourenzahl der Maschine eintritt. In diesen Fällen können dann die Kolbenschwingungen und die Gasschwingungen derartig zusammen fallen, daß empfindliche Druckschwankungen für die Gemischbildung in den Regulierquerschnitten auftreten, ohne daß der Regulator oder der Maschinist imstande wäre durch Änderungen der Regulierquerschnitte diesen Änderungen des Mischungsverhältnisses dauernd entgegen zu treten.

Die Verhütung solcher Störungen ist vielmehr auf ein besonderes Studium jedes einzelnen Falles angewiesen, da die Ursachen wesentlich von der Form, den Krümmungen und Dimensionen der Rohranlage abhängig sind. In vielen Fällen wirkt der Einbau von Druckregulatoren in der Nähe der Maschine verbessernd ein, auch hat der Einbau von Drosselscheiben in Form von durchlöcherten Platten in gewissen Abständen in der Rohrleitung wegen der dämpfenden Wirkung der höheren Drosselung auf die Gasschwingungen günstige Resultate ergeben.

Wir sehen, daß die Betriebsverhältnisse, welche bei Viertakt und der vorliegenden Regelungsart eine Veränderung des Mischungsverhältnisses mit sich bringen, in der Praxis sehr oft und meistens unvermeidlich auftreten. Die Ursachen liegen bei sonst konstantem Querschnittsverhältnis der Einlaßorgane ausschließlich in den Druckschwankungen, die während der Einströmung des Gemisches durch die jeweiligen Betriebsverhältnisse erzeugt werden. Soweit nun gesetzmäßige Druckänderungen innerhalb eines Ladevorganges und bestimmter Tourenzahlen vorhanden sind, ist die Herstellung eines gleichen Mischungsverhältnisses für die vorliegenden Betriebsverhältnisse jederzeit durch eine konstruktive Anpassung der Querschnitte an die erzeugten Druckänderungen möglich. In allen anderen Betriebsfällen, wo nicht gesetzmäßige, unbeabsichtigte Druckschwankungen durch die Bedienung des Generators und durch die Massenschwingungen in den Rohrleitungen etc. entstehen können, ist das Mischungsverhältnis nicht immer zu beherrschen.

II. Warum ist gerade Viertakt besonders empfindlich hiergegen?

In der folgenden Figur 3 sind die baulichen Mittel zur Verwirklichung des Viertaktes schematisch erkenntlich gemacht.

Die Gas- und Luftleitungen münden hier in einen einzigen Kanal — den Mischraum A — zusammen, der durch die Einlaßventile mit dem Verbrennungsraum der Maschine direkt in Verbindung steht.

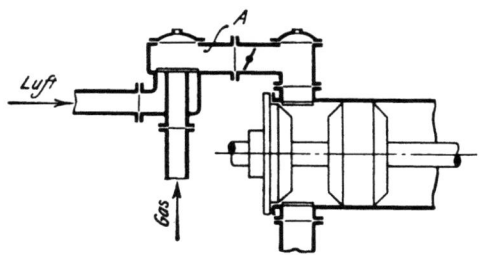

Fig. 3.

Die einfache bauliche Gestaltung des Viertaktes, die wesentlich darin gekennzeichnet ist, daß für den gesamten Gasmaschinenprozeß nur ein Maschinenkolben zur Verfügung steht, bringt notwendigerweise auch mit sich, daß der Vermischungsvorgang in die Saugleitungen bzw. in die Saugströmung des Gemisches verlegt werden muß, und daß gleichzeitig auch mit dieser Vermischung die Abmessung der Gemischmengen hier vorgenommen werden muß.

Diese sonst vorteilhafte örtliche Beschränkung der Regulier- und Mischvorrichtungen wird jedoch dadurch beeinträchtigt, daß die Mischvorrichtungen hier auf Räume angewiesen sind, die nach der Atmosphäre und Gasleitung einerseits und nach dem Zylinderinnern andererseits vollkommen frei sind. Jede Störung

Hellenschmidt, Gemischbildungen.

des Strömungsvorganges in einem dieser Räume kann sich hier ungehindert auf die übrigen Räume fortpflanzen und so auf die Zusammensetzung des Gemisches ungünstig einwirken.

Betrachten wir von diesem Gesichtspunkte aus das Indikatordiagramm nach Fig. 2, so erkennen wir, daß die Ladung im Punkte a zu einer Zeit beginnt, in welcher auf der unteren Seite des Einlaßventils im Zylinder der Druck p_a der Auspuffgase und auf der oberen Seite im Mischraum der Druck p_r der Gemischreste vom vorhergehenden Arbeitsspiel vorhanden ist. — Das Einlaßventil beginnt ca. 4 % des Kolbenweges vor dem Totpunkt zu öffnen; das Auslaßventil ca. 2 % nachher zu schließen.

Der Druck der Auspuffgase ist nun in diesem Momente stets größer als der Druck des Gemisches. Die Auspuffgase strömen daher in den Mischraum A über und drängen dort Luft und Gas so lange von der Einströmung zurück, bis die Spannung im Zylinder kleiner wird als einer der Drücke in den Räumen oberhalb des Einlaßventiles. Eine Strömung nach dem Zylinder hin bzw. eine Gemischbildung kann danach erst dann stattfinden, wenn zwischen den sämtlichen vier Räumen — Verbrennungs-, Misch-, Gas- und Luftraum — ein gewisser Druckausgleich bzw. eine Druckumkehr eingetreten ist.

Dieser Zeitpunkt ist nun je nach den vorhandenen Druckdifferenzen zwischen den einzelnen Räumen sehr verschieden und von nicht unbedeutendem Einfluß auf die Leistung der Maschine.

Bei Druckgasbetrieb wird er erst dann eintreten, wenn der Druckausgleich mit der L u f t leitung sich vollzogen hat, bei Sauggasbetrieb, wenn dies mit der G a s leitung zustande gekommen ist. Dieser Ausgleich erfolgt bei Druckgasbetrieb früher als bei Sauggasbetrieb, ein Umstand, der mit zur Vergrößerung der Abmessungen einer Sauggasmaschine gegenüber einer Druckgasmaschine gleicher Leistung beiträgt. Nach dem Diagramm Fig. 2 setzt z. B. die Gemischbildung bei Druckgasbetrieb im Punkte 1, bei Sauggasbetrieb erst im Punkte 2 ein, wodurch bllein der volumetrische Wirkungsgrad des Saughubes um ca. 6 % verkleinert wird.

Der Mischraum A wird sich ferner bei Druckgasbetrieb anfänglich nur mit Gas, bei Sauggasbetrieb dagegen nur mit Luft

Warum ist gerade Viertakt besonders empfindlich hiergegen? 19

von der einen Seite her füllen, während in beiden Fällen von der anderen Seite her die Auspuffgase einströmen. Diese anfängliche Vermischung wirkt nun umso störender auf die Gemischbildung ein, je größer der Mischraum im Verhältnis zum Hubvolumen der Maschine ist; auch auf die Regulierung der Maschine ist die Größe dieses Raumes von nicht unbedeutendem Einfluß. Das Gemischvolumen, welches in diesem Raume von dem vorhergehenden Arbeitsspiel zurückbleibt, entzieht sich für die nachfolgende Ladung der Einwirkung des Regulators, es macht sich umso empfindlicher bemerkbar, je weiter die Regulierquerschnitte vom Einlaßventil entfernt sind, und je kleiner die Gemischmengen mit abnehmender Belastung werden. In vielen Fällen erklärt sich aus diesem Umstande der unsichere Gang von Gasmaschinen in der Nähe des Leerlaufes.

Besonders nachteilig wirkt hier die Vermischung der heißen Verbrennungsprodukte mit dem zündfähigen Gemisch im Mischraum auf den Gang der Maschine ein. Die hohe Temperatur der Auspuffgase führt hier zu Explosionen — den sog. Knallern — im Einlaß und schlägt dadurch den Luft- und Gasstrom in den Rohrleitungen auf weite Entfernungen von der Einströmung zurück. Der Beharrungszustand der Maschine wird dadurch empfindlich gestört, da erst nach einigen Umdrehungen wieder eine Gemischbildung möglich ist.

Zur Beseitigung dieser Übelstände stellt man allgemein nach Schluß des Einlaßventiles eine dauernde Verbindung des Mischraumes mit der Atmosphäre her, in der Weise, daß man den Regulierquerschnitt der Luft nicht vollständig schließt und so der Luft ein freies Nachströmen in den Mischraum bis zur nächsten Ladung ermöglicht. Die hierdurch bewirkte Verdünnung des Gemisches wird dann so groß, daß das Gemisch zu Beginn der nächsten Ladung hier nicht mehr zündfähig ist. Wird dann weiterhin noch die Vorkehrung getroffen, daß zuerst nur das Einlaßventil allein geöffnet wird und nachher erst das Gasventil, so kann eine Vermischung der Abgasreste nur mit Luft bzw. mit einem sehr verdünnten Gemisch stattfinden, und die Explosionen im Einlaß können dadurch sicher vermieden werden. Für Druckgasanlagen mit hohem Gasdruck ist diese Eröffnungszeit des Gasventiles besonders zu beachten.

III. Worin äußern sich Änderungen des Mischungsverhältnisses?

Die zahlreichen Ursachen, welche im Betriebe einer Gasmaschine zu Änderungen des Mischungsverhältnisses führen können, ohne daß der Regulator imstande wäre, einen verbessernden Einfluß auszuüben, lassen sich nicht immer ohne weiteres feststellen. Dieselben sind, wie wir in den früheren Abschnitten bereits gesehen haben, sehr verschiedener Natur, und es erfordert eine größere Übung, die richtigen Anzeichen einer Änderung des Mischungsverhältnisses während des Betriebes rechtzeitig zu erkennen und die entsprechende Anpassung der maßgebenden Organe an die geänderten Betriebsverhältnisse vorzunehmen.

Eine gewisse Unsicherheit in der Gemischbildung liegt vor allem darin, daß wir nicht imstande sind, das Gemisch während des Betriebes auf seine Zusammensetzung, seinen Heizwert oder seine Zündfähigkeit laufend zu kontrollieren, ähnlich wie dies z. B. mit dem Dampfdruck bei Dampfanlagen durch Manometer der Fall ist. Es stehen uns zu diesem Zwecke bis heute noch keine ausreichend praktische Instrumente zur Verfügung.

Wir sind vielmehr in der Kontrolle dieser wichtigen Betriebsfaktoren bei den Gasmaschinen nur auf die umständliche Manipulation des Druckindizierens der Verbrennung angewiesen, erst hiernach sind wir in der Lage, einige Rückschlüsse auf den Ladevorgang und auf die allgemeine Zusammensetzung des Gemisches zu machen.

Wir wissen, daß jedem Gemisch in seinem Verbrennungsdiagramm nur ein ganz bestimmter Höchstdruck und nur ein bestimmter zeitlicher Verlauf der Verbrennungslinie zukommt; jede Änderung des Mischungsverhältnisses muß daher notwendigerweise in diesen beiden charakteristischen Kennzeichen des Diagrammes erscheinen. Die gasreichen Gemische ergeben im Diagramm eine rasch ansteigende, kurz dauernde Verbrennungslinie in Form einer Spitze, während gasarme Gemische eine abgerundete Verbrennungslinie mit niedrigerem Höchstdruck aufweisen.

Von besonderem Wert für die Beurteilung dieser Erscheinungen sind die Diagramme, welche fortlaufend für eine Reihe von Zündungen, entweder nebeneinander oder übereinander, aufgezeichnet werden, insbesondere dann, wenn von der allgemein üblichen Form der zum Planimetrieren geeigneten Diagramme abgewichen wird, und an deren Stelle die versetzten Diagramme zum Vergleich herangezogen werden. Die Änderungen des Mischungsverhältnisses kommen dann hier in den Abweichungen der Verbrennungslinien voneinander — den sog. Streuungen — zum Ausdruck.

Aus den beigegebenen Originaldiagrammen Fig. 4—6 auf S. 22 u. 23 erkennen wir derartige Streuungen für eine Reihe von Zündungen. Fig. 4 stellt ein Diagrammbündel für Vollast; Fig. 6 ein solches mit schwacher Indikatorfeder für Leerlauf einer 50-PS-Maschine dar. Die in Fig. 5 vorhandene Spitze eines Diagrammes deutet auf einen größeren Gasgehalt der betreffenden Ladung hin, der hier allem Anschein nach durch die bereits früher erwähnten Schwingungen der Gassäule in der Rohrleitung verursacht worden ist.

Besonders deutlich treten die Streuungen in Erscheinung, wenn die Diagramme, wie in Fig. 7, bei langsam rotierender Indikatortrommel abgenommen werden, so daß nur der Höchstdruck der Verbrennung allein zum Vorschein kommt.

Das Indizieren von Gasmaschinen ist nun aber stets zeitraubend und nicht geeignet, wenn es sich um ein rasches Anpassen der Querschnitte an unerwartet eintretende Betriebsverhältnisse handelt.

Eine zweite Methode zur ungefähren Feststellung des Mischungsverhältnisses besteht in der Beobachtung des Geräusches, welches jedes Gemisch im Momente der Zündung und im Auspuff verursacht; sie führt bei einiger Übung rascher zum Ziele und ist in den meisten Fällen die einzige praktische Regel, die dem Maschinisten für die Führung einer Gasmaschine gegeben werden kann.

Die gasreichen Gemische verbrennen hiernach, infolge ihrer hohen Zündfähigkeit, sehr rasch und erzeugen dabei eine Explosion, der ein heulendes Geräusch und eine stoßartige Übertragung der entwickelten Kräfte auf die Maschine eigen ist; die mit Luft verdünnten gasarmen Gemische dagegen zünden ruhig, verursachen aber infolge ihrer langsameren Verbrennung ein größeres Auspuffgeräusch. Beide Erscheinungen sind nicht normal. Treten deshalb diese Erscheinungen während des Betriebes längere Zeit auf, so ist eine Anpassung der Regulierorgane an die neuen Betriebs-

22 Untersuchungen über die Gemischbildungen der Gasmaschinen.

verhältnisse notwendig. Es geschieht dies in der Regel dadurch, daß die Stellungen der den eigentlichen Regulierquerschnitten vorgebauten Handdrosselklappen entsprechend verändert werden.

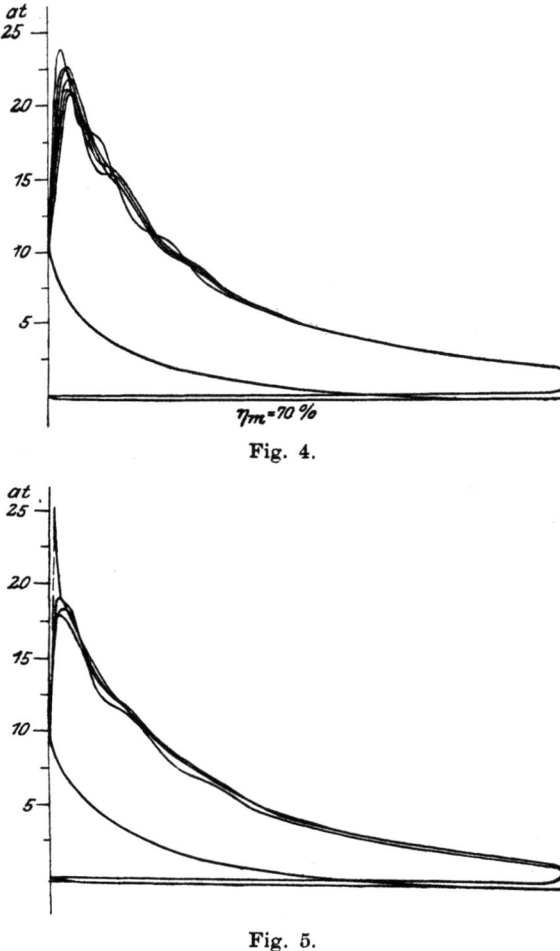

Fig. 4.

Fig. 5.

Bei stoßartigen Zündungen muß dann entweder die Luftklappe weiter geöffnet oder die Gasklappe weiter geschlossen werden, bei schwachen Zündungen dagegen muß entweder die

Luftklappe weiter geschlossen oder die Gasklappe weiter geöffnet werden, und zwar in beiden Fällen so weit, bis sich wieder die normalen Zündungs- und Auspuffgeräusche eingestellt haben,

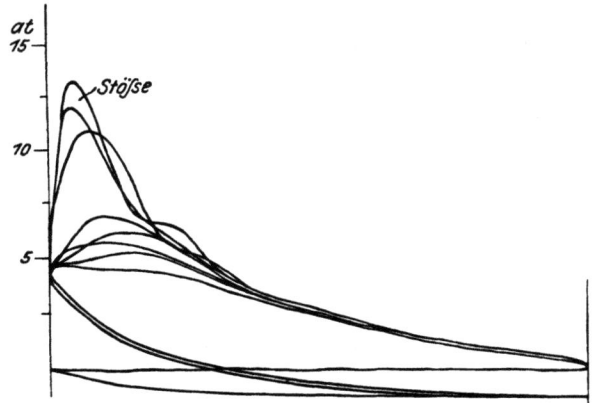

Fig. 6.

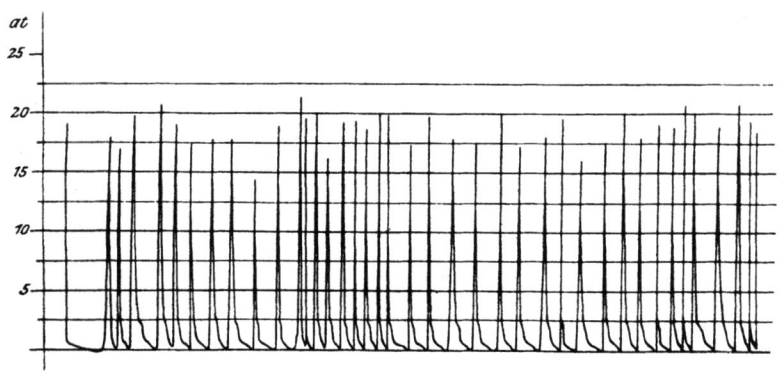

Fig. 7.

bzw. bis der Regulator diejenige Stellung einnimmt, die der jeweiligen Belastung zukommt. Im allgemeinen wird man bestrebt sein, für jede Leistung mit der jeweilig höchsten Regulatorstellung, d. h. mit der geringsten Gemischmenge auszukommen.

Bei der Beurteilung der Zündungen nach dem Gehör kommt

jedoch noch ein weiterer Faktor in Betracht, welcher zu verändertem Zündgeräusch führen kann, ohne daß eine Veränderung des Mischungsverhältnisses vorliegt. Dieser Fall tritt ein, wenn sich der Heizwert des Gases oder dessen Gehalt an Wasserstoff ändert. Wasserstoffreiche Gase haben bei gleichem Mischungsverhältnis stets stoßartige Explosionen zur Folge, die in der Regel heftiger als die der gasreichen Gemische auftreten. Zur Beseitigung solcher Stöße ist dann ebenfalls eine Verstellung der Drosselklappen notwendig; hier jedoch in dem Sinne, daß das Mischungsverhältnis absichtlich geändert wird. Bei wasserstoffreichen Gemischen muß das Mischungsverhältnis vergrößert, also mehr Luft gegeben werden; bei wasserstoffarmen dagegen das Mischungsverhältnis verkleinert, also mehr Gas gegeben werden. Heizwertarme und schlechte Gase lassen sich daran leicht erkennen, daß bei völlig geöffneter Gasklappe die Luftklappe im Betriebe zur Erzielung normaler Zündungen mehr und mehr geschlossen werden muß.

Werden die Änderungen des Mischungsverhältnisses so groß, daß keine zündfähigen Gemische mehr zustande kommen, so ergibt sich dies durch Fehlzündungen zu erkennen. Dieselben treten dann auf, wenn eines der beiden Gemischteile entweder von der Einströmung vollständig zurückgehalten wird, oder nicht in der erforderlichen Menge zufließen kann.

Auch hier bietet vor allem die zweite Methode ein sicheres Kennzeichen.

Die genaue Kenntnis, wie sich die Veränderungen des Mischungsverhältnisses äußern, ist um so notwendiger, je öfter die Maschine an neue Betriebsverhältnisse angepaßt werden muß.

IV. Über homogene Gemischbildung.

Als vollkommen homogen kann eine Mischung zwischen Luft und Kraftgas nur dann bezeichnet werden, wenn sich diese beiden Gemischteile derart miteinander vermengt haben, daß an allen Stellen des Gemischvolumens das gleiche Mischungsverhältnis vorhanden ist, und sämtliche Gasteilchen im Luftvolumen derart gleichmäßig verteilt sind, daß sie überall die gleiche Luftmenge zu ihrer Verbrennung vorfinden.

Im allgemeinen ist nun eine solche Mischung nach physikalischen Grundsätzen dann möglich, wenn die beiden Gemisch-

Über homogene Gemischbildung. 25

teile überall von **gleichem Druck, gleichem spez. Gewicht und gleicher Temperatur** sind, und wenn für die Vermischung eine genügend **lange Diffusionszeit** zur Verfügung steht.

Diese rein physikalischen Forderungen sind nun auch für die Herstellung eines homogenen Gemisches in der Gasmaschine maßgebend.

Die hier vorliegenden Betriebsverhältnisse lassen jedoch nur in einem beschränkten Maße eine direkte Übertragung dieser Forderungen zu.

So haben wir bereits im III. Abschnitt die Betriebsverhältnisse näher kennen gelernt, welche zu einer Druckänderung bei der Mischung führen. In dem gleichen Sinne, wie dort eine Änderung des Mischungsverhältnisses eintritt, liegt hier eine Störung in der Homogenität des Gemisches vor.

Wie notwendig die Einhaltung eines **gleichen Mischdruckes** für die Mischung ist, geht beispielsweise aus der Tatsache hervor, daß ein Gasstrom sich mit Luft nicht vermischen kann, wenn jener in das ruhende Luftvolumen unter großem Drucke eingeblasen wird; eine Mischung tritt hier nur in geringem Umfange an der Oberfläche des Gasstromes ein, während der Kern von der Mischung so lange ausgeschlossen bleibt, bis der Gasstrom in dem Luftvolumen vollkommen zur Ruhe gekommen ist, und die Drücke sich gegenseitig überall ausgeglichen haben.

Die größte Schwierigkeit in der Herstellung homogener Gemische liegt aber hauptsächlich darin, daß bei keinem der heutigen Gasmaschinensysteme die für die Vermischung erforderliche **Diffusionszeit** auch nur annähernd zur Verfügung steht. Es liegen zwar über die Zeit, in welcher Kraftgase in ihrer Verbrennungsluft vollständig diffundieren, noch keine abgeschlossenen wissenschaftlichen Versuche vor, jedoch lassen die praktischen Erfahrungen, unterstützt durch die Versuche von Petrano über die Mischzeit von Methan in Luft, mit Sicherheit den Schluß zu, daß die Zeit, welche unter normalen Verhältnissen für die Gemischbildung in der Gasmaschine zur Verfügung steht, lange nicht zur Herstellung eines vollkommen homogenen Gemisches ausreicht, selbst wenn auch ein vollständiger Druckausgleich zwischen den beiden Gemischteilen zustande gekommen ist. Nach den Mitteilungen von Güldner war die Mischzeit für die völlige Vermischung von 1 Liter Methan in 5 Liter Luft bei den Versuchen von Petrano 10—12 Sekunden; die Zeit dagegen, welche bei den heutigen Viertaktmaschinen während des Ansauge- und Verdichtungshubes für die Vermischung gegeben ist, beträgt bei normalen Tourenzahlen im günstigsten Falle $\frac{1}{2}$ Sek., bei den Zweitaktmaschinen ist sie noch wesentlich geringer. Eine homogene Mischung kann hiernach ohne besondere Hilfsmittel nicht erzielt werden.

Von diesem Standpunkte aus betrachtet, würde daher die bestehende kurze Mischzeit allein schon genügen, die Ursachen der Streuungen in den Indikatordiagrammen einwandfrei aufzuklären. Nach meinen Erfahrungen, die ich in dieser Richtung an verschiedenen Anlagen machen konnte, wird die Streuung auch unvermeidlich stets auftreten, so lange es nicht gelingt, die Mischung unter völlig gleichen Drücken und mit längerer Mischzeit als üblich auszuführen.

Auch die bestehenden Differenzen in den spez. Gewichten und Temperaturen zwischen Luft und Gas erschweren die Bildung homogener Gemische.

Wir sehen, daß keine der genannten physikalischen Forderungen bei den Gemischbildungen der heutigen Gasmaschinen eingehalten werden kann, sondern daß wir in allen Punkten mit Abweichungen hiervon rechnen müssen.

Man ist deshalb gezwungen, die Mischung durch einen mechanischen Vorgang zu unterstützen, und zwar dadurch, daß man den Gas- und Luftstrom durch die Einlaßorgane in möglichst viele Stromfäden zerlegt, und ferner den Gemischstrom auf seinem Wege nach dem Zylinder durch Prallflächen u. dgl. in intensive Wirbelungen versetzt.

Durch solche Vorrichtungen wird dann in erster Linie ein gewisser Ausgleich zwischen den unvermeidlichen Änderungen des Mischungsverhältnisses geschaffen, soweit diese Änderungen nicht durch die Querschnittsveränderung aufgehoben werden können, und auf diese Weise eine homogene Mischung mit einem **mittleren Mischungsverhältnis** hergestellt. Gleichzeitig treten damit die Gasteilchen in eine intensivere Berührung mit den Luft und tragen so unmittelbar zur Verkürzung der Mischzeit bei.

Bei der Herstellung homogener Gemische spielt ferner auch das **Mischungsverhältnis** eine nicht unbedeutende Rolle. Die Erfahrung hat hier gezeigt, daß eine Mischung zwischen Luft und

Gas umso schwieriger homogen herzustellen ist, je größer das Mischungsverhältnis ist. Leuchtgasmaschinen neigen aus diesem Grunde viel mehr zu Streuungen als Generator-Gasmaschinen.

Die zweckmäßige Verteilung und Führung des Gemischstromes innerhalb des Mischraumes bildet danach einen außerordentlich wichtigen Bestandteil der mechanischen Hilfsmittel zur Verbesserung der Mischung. Die Streuungen können damit, wenn auch nicht vollständig beseitigt, so doch wesentlich herabgemildert werden.

V. Bestimmung des Mischungsverhältnisses.

Jeder Brennstoff hat die Eigenschaft, sich mit seiner Verbrennungsluft nur innerhalb gewisser Grenzen — den Explosionsgrenzen — zu einem zündfähigen Gemisch zu vereinigen; werden diese Grenzen unter- oder überschritten, so zündet das Gemisch überhaupt nicht mehr.

Um demnach ein zündfähiges Gemisch herzustellen, ist die Kenntnis dieser Explosionsgrenzen in erster Linie erforderlich.

Dem Konstrukteur fehlen jedoch bis heute noch alle zuverlässigen Unterlagen für diese Grenzen. Die Theorie bietet hier keine festen Anhaltspunkte, und auch die Ergebnisse der wissenschaftlichen Versuche, wie sie Bunte, Eitner und neuerdings auch Nägel vorgenommen haben, sind nicht auf die Betriebsverhältnisse der Gasmaschinen übertragbar, da bei keinem dieser Versuche die Explosionsgrenzen von hoch verdichteten und genügend vorgewärmten Gemischen bestimmt worden sind.

Im Auftrage meines früheren Chefs, des Oberingenieurs Kutzbach-Nürnberg, habe ich schon früher einmal diese Laboratoriumswerte für verschiedene motorische Brenngase in einer eigenen graphischen Darstellung zusammengefaßt. Die verschiedenen Luftmengen, mit denen 1 cbm Gas zündfähig ist, sowie die Zusammensetzung des Gases sind dabei durch besondere Schraffuren gekennzeichnet. Ich gebe diese Zusammenstellung auf der folgenden Seite Fig. 8—9 ohne besondere Bemerkungen wieder, da sich das Nähere aus der Zeichnung selbst ergibt. Für Koksofen- und Generatorgase sind m. W. derartige Werte noch nicht festgestellt worden.

Für Leuchtgas entsprechen die angegebenen Zündgrenzen

28 Untersuchungen über die Gemischbildungen der Gasmaschinen.

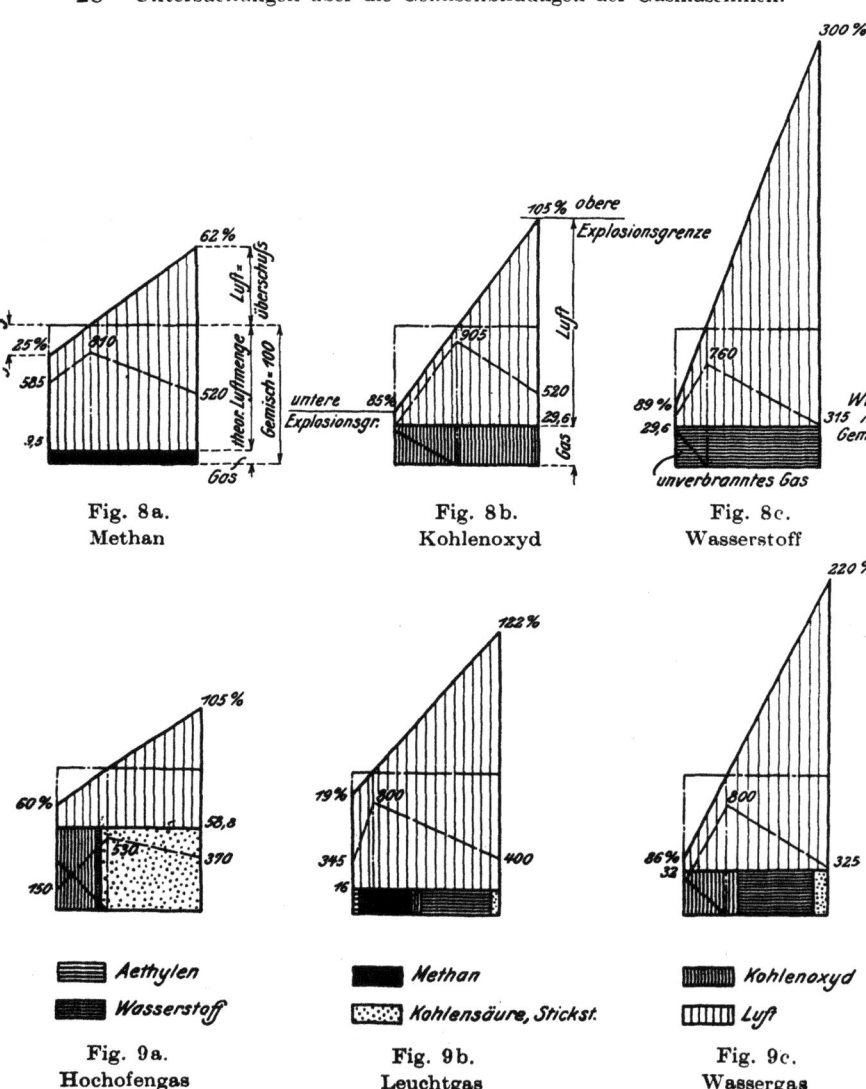

Fig. 8a. Methan

Fig. 8b. Kohlenoxyd

Fig. 8c. Wasserstoff

Fig. 9a. Hochofengas

Fig. 9b. Leuchtgas

Fig. 9c. Wassergas

ungefähr den gleichen Werten, wie sie neuerdings auch Dr. Nägel in seinen Versuchen über die Zündgeschwindigkeit dieser Gas-Luft-Mischungen erhalten hat. Nägel stellte bei einem Mischungsverhältnis von 11,5 (8 % Gasgehalt) allerdings nur noch eine teilweise Verbrennung fest.

Jedenfalls sind die angegebenen Zündgrenzen unsicher und erfahren durch die Verhältnisse in der Gasmaschine, vor allem durch die Homogenität, Verdichtung und Erwärmung des Gemisches beträchtliche Abweichungen, so daß sie nur als Annäherungswerte für die wahren Zündgrenzen gelten können.

Mangels sicherer Unterlagen ist deshalb die Praxis in der Bestimmung des zündfähigen Mischungsverhältnisses darauf angewiesen, zunächst die theoretische Luftmenge auf Grund einer chemischen Analyse des Brennstoffes rechnerisch zu ermitteln und dann auf diesen Wert erfahrungsgemäß einen Zuschlag bis zu 50 % zu machen. Innerhalb dieser beiden Grenzen liegt dann das günstigste Mischungsverhältnis.

Diese Methode setzt also eine chemische Untersuchung des Brennstoffes voraus, eine solche ist aber in den meisten Fällen wegen der komplizierten Apparate umständlich und zeitraubend.

Durch Versuche ist dagegen bereits zur Genüge bewiesen[1]), daß bei allen für den Gasmaschinenbetrieb in Frage kommenden Brennstoffen das günstigste Mischungsverhältnis bei **ein und demselben Heizwert des Gemisches** aller Brenngase mit Luft zu suchen ist, und zwar liegt dieser Heizwert:

a) Für heizwertarme Brennstoffe (unter 2500 WE/cbm) mit 12—13 atm Überdr. Verdichtung **bei 450 WE/cbm Gemisch.**

b) Für heizwertreiche Brennstoffe (3000—6000 WE/cbm) mit 8—10 atm Überdruck Verdichtung **bei 550 WE/cbm Gemisch.**

Das Verhältnis des Gasheizwertes zum Gemischheizwert ergibt dann direkt das jeweilig **günstigste Mischungsverhältnis.** Der Heizwert des Gases ist dabei in einfacher Weise mit dem Junkersschen Kalorimeter bestimmbar.

Hiernach erscheint mir der Gemischheizwert als eine für alle Gasarten ungefähr konstante Wertziffer besser geeignet, der Bestimmung des Mischungsverhältnisses zugrunde gelegt zu werden, als der theoretische Luftbedarf.

---

[1]) Siehe Nägel, Forsch. Arb. 54., Seite 81, und Kutzbach, Zeitschrift d. Ver. deutsch. Ing., Bd. 51.

30 Untersuchungen über die Gemischbildungen der Gasmaschinen.

Gasart	Chemische Zusammensetzung				
	C_nH_{2n}	CH_4	CO	CO_2	
Leuchtgas . . .	3,5—7	30÷40	5÷11	1÷3	40–
Koksofengas . .	2	28÷36	5÷8	1÷3	50–
Holzgas [Riché].	—	12,5	22	10	4
Generatorgas . .	29	1÷2,5	16÷25	2÷7	12–
Hochofengas . .	—	0,4	26	6÷12	

Beträgt z. B. der Heizwert eines Gases 5500 WE/cbm, so ist, da der Heizwert des günstigsten Gemisches bei 550 WE/cbm liegt, das Gemischvolumen = 5500/550 = 10 cbm oder das Mischungsverhältnis von Luft zu Gas $10 - 1 = 9$.

Die so erhaltenen Werte werden dann der Bestimmung des normalen Querschnittsverhältnisses der Einlaßorgane unter Berücksichtigung der spez. Gewichte zugrunde gelegt.

In der obigen Tabelle habe ich auf dieser Grundlage für einige im Gasmaschinenbetrieb verwendbare Kraftgase das Mischungsverhältnis bzw. die Luftmengen eingetragen, welche pro Kubikmeter des betr. Gases für eine vollkommene Verbrennung in der Gasmaschine bei den üblichen Kompressionsdrücken notwendig sind. Gleichzeitig habe ich auch das spez. Gewicht und die theoretische, aus der chemischen Analyse berechnete Luftmenge der Vollständigkeit wegen angegeben.

Die in der Tabelle angeführten Werte für die Mischungsverhältnisse und Kompressionsendspannungen stellen die wirtschaftlich günstigsten und betriebssichersten Verhältnisse dar, wie sie sich heute allgemein im Gasmaschinenbau eingebürgert haben. Weitere Verdünnungen mit Luft, d. s. größere Mischungsverhältnisse, sind mit Rücksicht auf die oberen Zündgrenzen der betr. Gase nicht mehr betriebssicher, ebenso bieten auch höhere Verdichtungsspannungen wegen der Gefahr von Frühzündungen für den Dauerbetrieb wirtschaftlich keinen Vorteil mehr.

Für kleine Zylindervolumen mit einer Leistung von unter 100 PS kann die Kompressionsspannung wegen der kühlenden Wirkung der Oberflächen des Kompressionsraumes um 1 atm. ca. vergrößert werden. Für größere Zylindervolumen dagegen, wo diese Kühlung nicht mehr in dem Maße vorhanden ist, maß

Spez. ewicht kg/cbm	Gas-Heizw. WE/cbm	Theor. Luftmenge cbm/cbm	Gemisch-Heizw. WE/cbm	Mischungs-verhältnis	Verdichtung atm/Übdr.
0,52	5500	5,25	550	9	8
0,47	4500	5	520	7,5	8
0,75	2800	2,75	500	4,5	10
1,1	1250	1,2	450	1,8	12
1,26	900	0,7	450	1	13

die Kompression um den gleichen Betrag ungefähr verkleinert werden, wenn Frühzündungen bei den gegebenen Mischungsverhältnissen vermieden werden sollen.

VI. Graphische Untersuchung der Strömungsvorgänge während der Gemischbildung.

Die analytischen Untersuchungen über die Strömungsvorgänge bei der Ladung einer Gasmaschine haben dort allgemein den Zusammenhang des Mischungsverhältnisses mit den Strömungsvorgängen in den Regulierquerschnitten ergeben. Sie führten dazu, daß ein und dasselbe günstige Mischungsverhältnis nur dann für alle Betriebsfälle erreicht werden kann, wenn das Querschnittsverhältnis der Regulierorgane so oft geändert wird, als Druckänderungen in der Einströmung auftreten.

Im folgenden möchte ich nun diese Abhängigkeit an Hand einer graphischen Darstellung näher untersuchen und gleichzeitig feststellen, inwieweit in der Praxis solche Anpassungen des Querschnittsverhältnisses an die vielseitigen Druckänderungen überhaupt notwendig sind.

Zu dem Zwecke fassen wir den gesamten Vermischungsvorgang unter Anlehnung an die auf S. 11 gegebenen Bezeichnungen in die folgende vereinfachte Beziehung zusammen:

$$q = m \cdot k \quad \ldots \ldots \ldots \ldots (5)$$

nehmen also an, daß das Querschnittsverhältnis in allen Betriebsfällen gleich dem in der Tabelle angegebenen Mischungsverhältnis ist, und führen mit k einen Berichtigungs-Koeffizienten ein, der von den Druckverhältnissen bei der Einströmung der beiden Gemischteile in den Mischraum abhängt.

Danach würde es sich zunächst darum handeln, die Beziehungen von k zu den verschiedenen Strömungsdrücken P_l und P_g in Fig. 2 näher kennen zu lernen:
Nach Gleichung 4 (S. 12) ist:

$$q = m \cdot \sqrt{\frac{P_g \cdot \gamma_l}{P_l \cdot \gamma_g}} \quad \ldots \ldots \quad (6)$$

hieraus ergibt sich dann:

$$k = \sqrt{\frac{P_g \cdot \gamma_l}{P_l \cdot \gamma_g}} \quad \ldots \ldots \quad (7)$$

Nach der auf S. 30 angegebenen Tabelle ist das spez. Gewicht von Hochofengas und Generatorgas ungefähr gleich dem spez. Gewicht der Luft, so daß sich für diese beiden Gase mit genügender Genauigkeit ergibt:

$$k = \sqrt{\frac{P_g}{P_l}} \quad \ldots \ldots \quad (8)$$

Für Leuchtgas und Koksofengas ist das spez. Gewicht = 0,5; weicht also von dem der Luft wesentlich ab; in diesem Falle wird dann nach Gl. 7:

$$k = 1{,}55 \sqrt{\frac{P_g}{P_l}} \quad \ldots \ldots \quad (9)$$

Setzen wir nun diesen Wert von k in Gl. 5 ein, so können wir hieraus entnehmen, daß das Querschnittsverhältnis q nur dann gleich dem Mischungsverhältnis m sein kann, wenn der Koeffizient k den Wert 1 annimmt, d. h. nach Gl. 7, **wenn die Strömungsdrücke von Luft und Gas in den Einlaßquerschnitten und die spez. Gewichte derselben einander gleich sind.**

Im I. Abschnitt haben wir aber bereits nachgewiesen, daß diese Forderung bezüglich der Mischdrücke P_l und P_g praktisch nicht erfüllbar ist, ferner weichen auch die spez. Gewichte einzelner Gase von dem der Luft beträchtlich ab.

Zur weiteren Klarstellung des Vorganges wollen wir ferner noch annehmen, daß der Luftdruck p_l = 10000 mm WS = 1 atm in allen Betriebsfällen konstant bleibt, also von irgendwelchen Druckschwankungen in der Atmosphäre absehen; ferner wollen wir für die weiteren Betrachtungen nur solche Werte einführen, die die Praxis in einfacherer Weise als P_1 und P_g ergibt. Es sind dies zunächst der mit der Regulierung unmittelbar zusammenhängende Unterdruck p_0 im Zylinder und außerdem der ebenfalls veränderliche Gasdruck h in der Gasleitung.

Aus der Fig. 2 können wir ohne weiteres entnehmen, daß:

$$P_g = p_g - p_0 = p_1 \pm h - p_0$$

und

$$P_1 = p_1 - p_0;$$

für $p_1 = 10\,000$ mm WS eingesetzt, ergibt:

$$k = \sqrt{1 \pm \frac{h}{10000 - p_o}} \quad \ldots \quad (10)$$

dabei sind mit $+ h$ die Druckgasanlagen und mit $- h$ die Sauggasanlagen gekennzeichnet.

Aus dieser vereinfachten Beziehung ergibt sich nun, daß k für Druckgasanlagen stets größer als 1 und für Sauggasanlagen stets kleiner als 1 sein muß; den Wert 1 kann k nur dann annehmen, wenn $h = 0$ ist; dies ist jedoch praktisch nicht denkbar, da h wegen der unvermeidlichen Widerstände in der Gaserzeugung stets von 0 verschieden ist.

Nach der Erfahrung schwankt nun der Wert von p_0 für die vorliegende Regelungsart nach Fig. 2 (Quantitätsregelung) über den ganzen Bereich der Regulierung zwischen 0,5 und 0,95 kg/qcm abs.; der erste Wert entspricht dabei im allgemeinen ungefähr dem Leerlauf, der zweite ungefähr der Vollast der Maschine. Der genaue Wert von p_0 ergibt sich bei gegebenen Querschnitten rechnerisch aus den Gleichungen 1—3 auf S. 12 für jede gegebene Tourenzahl und Belastung.

Die Werte von h bewegen sich unter normalen Verhältnissen innerhalb der Grenzen ± 100 mm WS.

Bei sehr niedrigen Tourenzahlen kann jedoch p_0 größer als 0,95, nahezu gleich 1 at werden, ferner können Gasdrücke bis zu 1000 mm WS vorkommen.

In Fig. 10 auf der beigegebenen Tafel habe ich den Zusammenhang von k mit den beiden Werten h und p_0 graphisch dargestellt, und zwar in der Weise, daß für einen gleichbleibenden Gasdruck h und für veränderliche Regulierdrücke p_0 die Werte von k ermittelt und dies für verschiedene h-Werte wiederholt wurde. Dabei erscheint dann k als Ordinate einer Kurvenschar h mit den Werten p_0 als Abszissen.

Auf diese Weise schließt die Darstellung eine große Reihe von Betriebsfällen in sich und ermöglicht für jeden einzelnen Fall, den genauen Wert von k ohne weiteres abzulesen.

Der allgemeine Verlauf dieser Kurven zeigt nun:

1. **Für kleine p_0 - Werte (d. i. etwa von 7000 mm WS abwärts) weicht k von 1 nur wenig ab, besonders wenn es sich um niedrige Gasdrücke (unter 250 mm WS) handelt. Hier kann dann von einer Berichtigung des Querschnittsverhältnisses durch k praktisch abgesehen werden. Eine Anpassung des Querschnittsverhältnisses an Druckschwankungen innerhalb dieses Bereiches ist nicht notwendig. Das Mischungsverhältnis ändert sich hier bei gleichem Querschnittsverhältnis der Einlaßorgane nur unbedeutend, auch wenn Druckschwankungen in den Zuleitungen innerhalb der oben angeführten normalen Grenzen auftreten. Die Regulierung der Maschine wird unter diesen Strömungsverhältnissen unempfindlich gegen störende Faktoren in der Gemischbildung.**

2. **Bei großen p_0 - Werten (über 7000 mm WS) verändert sich k auch unter kleinen Gasdrücken sehr rasch und weicht von 1 beträchtlich ab. In dieser Zone müssen dann die Querschnitte mit jedem neuen p_0 - und h - Wert geändert werden, wenn für alle Fälle gleiches Mischungsverhältnis gewahrt bleiben soll. Die rasch ansteigenden Kurven zeigen hier, daß die geringsten Änderungen von h oder p_0 bei ein und demselben Querschnittsverhältnis bedeutende Veränderung des Mischungsverhältnisses hervorrufen. Da es innerhalb dieses Bereiches unmöglich ist, jede kleine Druckänderung durch eine entsprechende Querschnittsänderung wieder auszugleichen, besitzt die Maschine hier keine große Manövrierfähigkeit.**

Ganz allgemein können wir der graphischen Darstellung auch entnehmen, daß sich besonders bei Sauggasbetrieb das Mischungsverhältnis in der Nähe der Vollast und bei niedrigen Tourenzahlen durch Druckschwankungen wesentlich rascher verschlechtert, als dies unter den gleichen Druckänderungen bei Druckgasbetrieb der Fall ist. Dazu kommt noch, daß bei Sauggasanlagen die Widerstände in der Gaserzeugung in der Regel größer und voneinander mehr verschieden sind, als die durch Gasometer geregelten und kleineren Drücke bei Druckgasanlagen.

Beispielsweise entnehmen wir der Figur, daß bei einer abs. Spannung im Zylinder von $p_0 = 9700$ mm WS und $h = +200$ mm WS. Gasdruck für Druckgasbetrieb k den Wert 1,29 besitzt, während bei Sauggasbetrieb mit einem entgegengesetzt gleichen Widerstand in der Gasleitung von $h = -200$ mm WS. der Koeffizient k den Wert 0,57 annimmt. Im ersten Falle muß danach das Querschnittsverhältnis um das 1,29 fache des Mischungsverhältnisses vergrößert, im zweiten Falle um das 0,57 fache verkleinert werden. Die Abweichungen des Koeffizienten k von 1 sind demnach hier bei Sauggas um 14 % größer als bei Druckgas.

In vielen Fällen ist durch diese Tatsache allein bei Sauggasanlagen die vielfach irrtümliche Meinung begründet, daß Sauggasgeneratoren für Überlastungen nicht geeignet und zu klein dimensioniert seien, während die eigentliche Ursache der geringen Leistung in der Verschlechterung der Mischung durch nicht richtig bemessene Einlaßquerschnitte im Mischventil der Gasmaschine zu suchen ist.

In der Figur sind ferner die Regulierkurven für **Leuchtgas** und **Koksofengas** (Retortengase) besonders gekennzeichnet.

Beim Vergleich dieser Kurven mit denen für Hochofen- und Generatorgas sehen wir, daß die ersteren größere Abweichungen des Querschnittsverhältnisses vom Mischungsverhältnis erfordern und empfindlicher gegen zu hohen Gasdruck und gegen Druckschwankungen sind als die Hochofen- und Generatorgasmaschinen, was i. W. dem Einfluß der spez. Gewichte auf die Mischung zuzuschreiben ist.

Die untere Grenze der Tourenzahlen wird bei **Leucht- oder Koksofengas** wesentlich früher erreicht, als bei **heizwertarmen** Gasen. Dazu kommt noch, daß für diese Gase das **Mischungs-**

verhältnis gegenüber den anderen Gasen sehr groß ist, wodurch allein schon die gleichmäßige Mischung erschwert wird. Die Durchbildung der Misch- und Regelquerschnitte erfordert demnach für diese Gasarten auch schon für normale Tourenzahlen die besondere Beachtung der Strömungsvorgänge.

D. Folgerungen.

I. Die Erzielung geringer Tourenzahlen bei Viertakt-Gasmaschinen.

Die graphische Darstellung zeigt uns zunächst deutlich, daß wir bei der Ladung einer Viertaktmaschine allein durch die Strömungsvorgänge günstige Verhältnisse für die Regulierung schaffen können. Durch die Wahl der Eintrittsgeschwindigkeiten in den Regulierquerschnitten bzw. der p_0-Werte haben wir es in der Hand, die Strömungsvorgänge in die für die Regulierung günstigste Zone zu verlegen, als welche nur diejenige mit p_0 unter 7000 mm WS und h unter 250 mm WS gelten kann.

Die niedrigen Tourenzahlen erzeugen unter normalen Verhältnissen bei den Vollastquerschnitten sehr kleine Unterdrücke im Zylinder, die von dem atm. Druck ($p_0 = 10\,000$ mm WS) nur sehr wenig abweichen. Nach der Fig. 10 befinden wir uns aber gerade hier in der ungünstigsten Mischzone, wo eine sichere Regulierung bzw. Abmessung der Gemischmengen schwierig ist.

Hier tritt vor allem die Tatsache hervor, daß bei allen Gasmaschinenbetrieben der Gasdruck in der Gasleitung stets um einen gewissen Betrag h von dem Druck in der Luftleitung (Atmosphäre) abweicht, je nachdem es sich um einen Druckgas- oder um einen Sauggasbetrieb handelt.

Während nun diese Druckhöhe bei großen P_1 und P_g-Werten, d. i. bei starker Drosselung des Gemischstromes in den Regulierquerschnitten von geringem Einfluß auf die Zusammensetzung des Gemisches ist, gibt sie bei kleinen P_1- und P_g-Werten den Ausschlag und setzt in den meisten Fällen für die Tourenzahlen eine bestimmte untere Grenze fest. Das Gemisch wird hier stets von demjenigen Gemischteil mehr enthalten, welches den größeren Druck hat; bei Druckgasanlagen zuviel Gas, beis auggasanlagen

Die Erzielung geringer Tourenzahlen bei Viertakt-Gasmaschinen. 37

zuviel Luft. Bei sehr niedrigen Tourenzahlen (Anlassen) kann selbst der Fall eintreten, daß zwischen dem Zylinderinneren und der Rohrleitung ein Druckausgleich stattfindet, so daß entweder nur Gas oder nur Luft allein in den Zylinder gelangen kann.

Bei kleinen Tourenzahlen ist es daher in erster Linie geboten, nur mit möglichst kleinen und für alle Fälle konstanten Gasdrücken zu arbeiten, eine Forderung, die allgemein schon deshalb gestellt werden muß, weil eine Erhöhung des Gasdruckes sowohl im positiven wie negativen Sinne nur einer negativen Leistung der Maschine gleichkommt.

Können dagegen die Gasdrücke nicht unter ein gewisses Maß verringert bzw. die Widerstände in der Gaserzeugung nicht konstant erhalten werden, so muß die Mischung künstlich durch Drosselung unter höheren P_1- und P_g-Werten erzeugt werden. Erstreckt sich dann diese höhere Drosselung auch auf die Rohrleitung, so können damit auch die unvermeidlichen Gasschwingungen in ihrem Einfluß auf die Mischung abgeschwächt werden.

Läßt die Leistung der Maschine eine genügend starke Drosselung des Gemischstromes zu, so wird damit eine sichere Regulierung erzielt, und die Tourenzahl kann beliebig weit herabgesetzt werden.

Beispiel. Nehmen wir eine Hochofengas-Maschine an, welche von 120 Touren pro Min. auf 40 Touren sicher reguliert werden soll, eine Forderung, die bei Gebläse- und Pumpwerkmaschinen, wie auch für das Abdrehen direkt gekuppelter Dynamoanker häufig gestellt wird.

Mit Rücksicht auf die baulichen Verhältnisse der Einlaßventile und Mischorgane rechnet man allgemein in den völlig geöffneten Regulierquerschnitten bei normalen Tourenzahlen mit einer mittleren Eintrittsgeschwindigkeit des Gemisches von $v_m = 75$ m/sec ($= 120$ m/sec max). Damit entsteht dann nach Gleichung (3), S. 12, unter der Annahme eines Reibungskoeffizienten von $\mu = 0{,}8$ und eines spez. Gewichtes des Hochofengases von $\gamma_g = 1{,}2$ kg/cbm, ein Unterdruck im Zylinder:

$$P_g = \frac{1}{0{,}82} \cdot \frac{5600 \cdot 1{,}2}{20} = 520 \text{ mm WS.}$$

Wählen wir ferner einen Gasdruck vor der Maschine von $h = +50$ mm WS, so ergibt sich bei 120 Touren:

$$p_o = 10\,050 - 520 = 9530 \text{ mm WS.}$$

Nach Figur 10 würde dann hier k den Wert 1,05 annehmen, also eine Änderung des Querschnittsverhältnisses praktisch nicht bedingen.

Soll nun die Maschine mit 40 Touren pro Minute laufen, so gibt sich bei der gleichen Regulatorstellung und unter denselben Verhältnissen eine mittlere Eintrittsgeschwindigkeit in den Regulierquerschnitten von $v_m = 25$ m/sec. und damit

$$P_g = 60 \text{ mm WS und}$$
$$p_o = 9990 \text{ mm WS.}$$

Suchen wir für diesen p_0-Wert in der Figur auf der Kurve $h = +50$ mm WS den Wert von k, so sehen wir, daß wir uns in einer Zone befinden, wo die Herstellung eines zündfähigen Gemisches auch durch entsprechende Anpassung des Querschnittsverhältnisses für die Dauer in Frage gestellt ist. Nach Gl. 10 würde sich zwar k zu 2,5 ergeben und damit eine Änderung des Querschnittsverhältnisses um den gleichen Betrag erfordern, doch würde hier diese Anpassung zu keiner sicheren Regulierung führen. Wie die Figur zeigt, würde hier die geringste Druckänderung in der Einströmung zu Mischungen führen, die entweder nicht mehr zündfähig sind oder überhaupt keine Luft mehr enthalten.

Die Tourenzahl von 40 pro Min. kann hier dauernd nur durch eine Verringerung des Gasdruckes h oder, wenn dies nicht möglich ist, durch höhere Regulatorstellungen erreicht werden.

Es genügt hier nicht allein, die Drosselung des Gasstromes nach dem Werte von k vorzunehmen, sondern es muß auch der Luftstrom gedrosselt werden. Bei genügender Drosselung von Luft und Gas könnte dann selbst das Querschnittsverhältnis unverändert bleiben.

Für Sauggasbetrieb mit $h = -50$ mm WS ergibt die Darstellung in Fig. 10, daß eine Anpassung der Querschnitte an die Druckverhältnisse bei 40 Touren/Min. ($p_0 = 9990$ mm WS) überhaupt nicht mehr möglich ist. Die Tourenzahl von 40 pro Min. kann hier nur dadurch dauernd erzielt werden, daß der ganze Reguliervorgang bei dieser Tourenzahl auf niedrigere p_0-Werte (höhere Drosselung) gebracht, und sowohl der Gas- wie auch der Luftstrom gleichmäßig gedrosselt werden.

II. Folgerungen konstruktiver Art über die Wahl der Regulierung bzw. der Gemischbildung sowie über die Bauart der Mischorgane.

In den vorliegenden speziellen Untersuchungen ist auf Grund der bisherigen Forschungsergebnisse damit gerechnet worden, daß das Mischungsverhältnis für alle Belastungen den gleichen Wert beibehalten soll.

In diesem Falle muß dann die Regulierung der Maschine durch Veränderung der Ladungsmenge des Gemisches (Füllungsregulierung) erfolgen.

Damit wird aber die Gemischmenge für den Leerlauf so gering, daß die Kompression des Gemisches sowohl in wärmetheoretischer wie in betriebstechnischer Hinsicht nicht mehr entspricht. Die großen Vorteile einer hohen Verdichtung auf die Regulierfähigkeit einer Gasmaschine, wie sie im ersten Abschnitt dieser Arbeit zum Ausdruck gekommen sind, treffen hier also nicht mehr zu.

Diese Nachteile kommen jedoch bei der Füllungsregulierung nicht zur Geltung. Die obigen Untersuchungen, insbesondere die Darstellungen des Strömungsvorganges nach Figur 10 lassen dagegen deutlich erkennen, daß mit dieser Regelungsart der gesamte Vermischungsvorgang für die geringen Belastungen gegen den Leerlauf in eine Zone rückt, wo bei Druckschwankungen in den Gaszuleitungen die günstigsten Verhältnisse für eine stets gleichmäßige Mischung gegeben sind, und wo die präziseste Regulierung möglich ist.

Die Eigenart der Füllungsregulierung, nämlich die erhöhte Drosselung des Gemischstromes gegen den Leerlauf, gewährleistet hier in der Regulierung bessere Resultate, wie die hohe Verdichtung und bietet nach dieser Richtung einen gewissen Ersatz für die Vorteile, welche eine hohe Verdichtung der Gemische nach den eingangs erwähnten Forschungsergebnissen (Fig. 1) mit sich bringt.

Praktisch ist nun aber die reine Füllungsregulierung nicht über das ganze Reguliergebiet ausführbar. Wir haben im II. Abschnitt, Absatz II, darauf hingewiesen, daß die Mischorgane zur Vermeidung von Knallern im Einlaß und zur Erzielung einer zweckmäßigen Mischung zu Anfang eines jeden Saughubes stets mit einer bestimmten Voröffnung der Luft gegenüber Gas versehen sein müssen. Dadurch findet dann im Leerlauf bei den kleinen

Regulierhüben eine entsprechende Verdünnung des Gemisches statt, und im Zusammenhang damit ergibt sich dann auch eine etwas höhere Kompression, als sie die reine Füllungsregulierung im Leerlauf ergeben würde. Außer der günstigen Wirkung dieser Voröffnung auf den Vermischungsvorgang bringt diese noch den konstruktiven Vorteil mit sich, daß die Saugspannungen im Zylinder kleiner werden und dadurch die Ventilfedern und das Steuerungsgestänge entlasten.

Die präzise Regulierung einer Gasmaschine erfordert demnach schon aus betriebstechnischen und konstruktiven Rücksichten von den Mischorganen eine gewisse Verdünnung der Gemische gegen den Leerlauf.

Diese Verdünnung darf jedoch nicht zu weit gehen, und zwar aus dem Grunde, weil in erster Linie jede Verdünnung des Gemisches gegen den Leerlauf nur auf Kosten des günstigsten Mischungsverhältnisses bei der normalen Leistung gehen kann; denn werden die in der Tabelle auf S. 30 angegebenen günstigsten Gemische und Kompressionen für die normale Leistung zugrunde gelegt, so ist für die Leerlaufmischungen stets die Gefahr gegeben, daß das Mischungsverhältnis zu nahe an die obere Grenze der Zündfähigkeit gelangt, ohne daß es möglich ist, diese Verdünnung durch eine entsprechende Erhöhung der Kompression auszugleichen. Die Zündfähigkeit der Gemische wird dadurch gegen den Leerlauf stark beeinträchtigt und die Regulierung unsicher.

Nach meinen Erfahrungen halte ich eine Kompression von 4—5 atm bei Generatorgas und von 3—4 atm bei Leuchtgas für den Leerlauf am günstigsten, entsprechend einer Saugspannung im Zylinder von ca. 0,5 atm abs.

Damit ergeben sich dann, wie aus den folgenden Diagrammen, Fig. 11—21, zu entnehmen ist, für den Leerlauf vollkommen sichere und zuverlässige Zündungen.

Wenn nun mit dieser Regulierungsart eine Verschlechterung des thermischen Wirkungsgrades gegen den Leerlauf verbunden ist, so ist hier zu bedenken, daß der Leerlauf und die kleinen Belastungen für eine Maschinenanlage nicht die Regel sind. Der Wärmeverbrauch ist danach nicht so wichtig, lum deswegen die Wirtschaftlichkeit der Anlage bei normaler Leistung zu verschlechtern. Dagegen erscheint mir aber für den Leerlauf eine präzise Regulierung und eine sichere Beherrschung der Mischungen

Wahl der Regulierung bzw. der Gemischbildung.

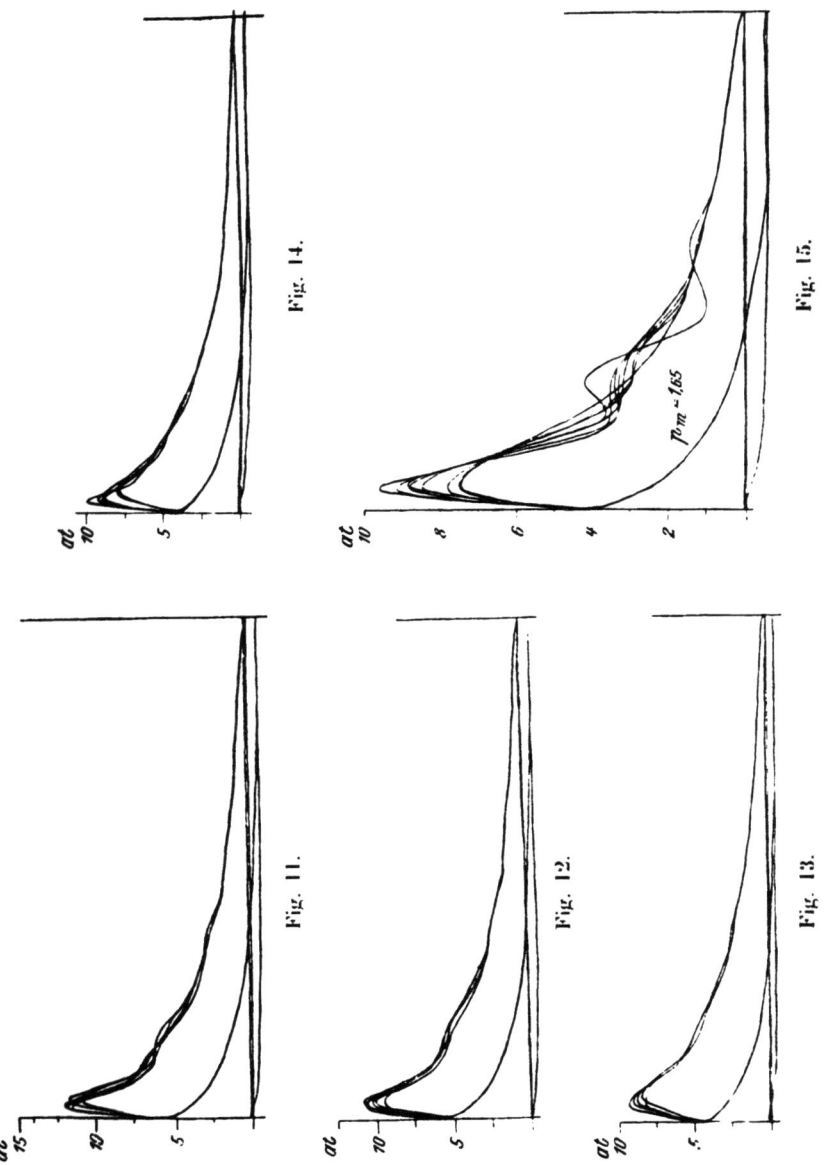

Fig. 11.

Fig. 12.

Fig. 13.

Fig. 14.

Fig. 15.

42   Folgerungen.

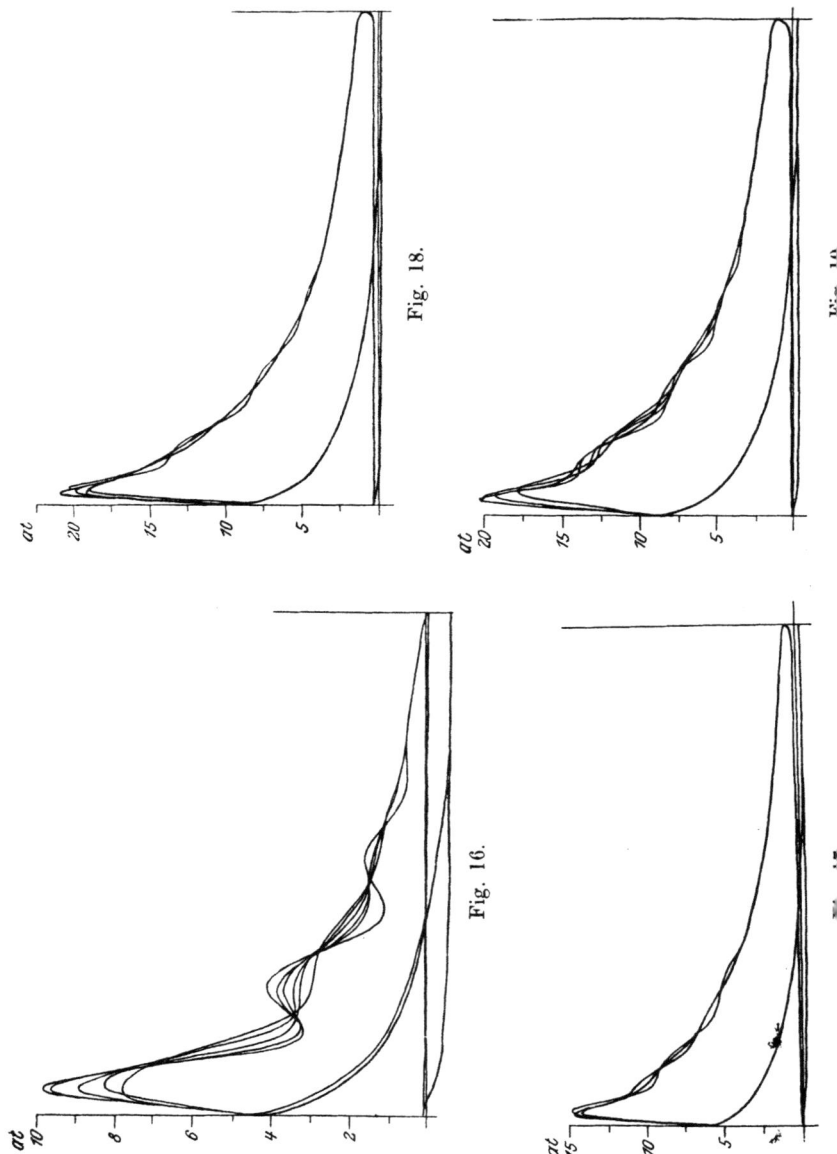

Fig. 18.

Fig. 16.

Wahl der Regulierung bzw. der Gemischbildung. 43

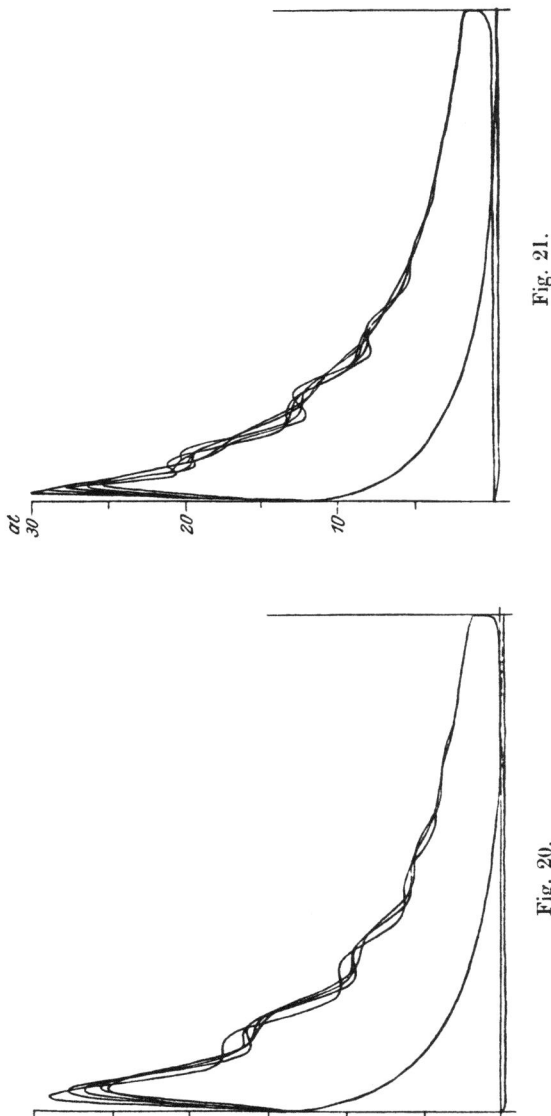

Fig. 21.

Fig. 20.

in den meisten Fällen, besonders beim Parallelschalten von Dynamomaschinen unbedingt erforderlich und für die Bestimmung der Regelungsart maßgebend zu sein.

Von einer guten Gasmaschinen-Regulierung müssen wir danach folgendes fordern:

1. Höchste Verdichtung und günstigstes Mischungsverhältnis, also günstigsten Wärmeverbrauch bei normaler Leistung.
2. Sichere Beherrschung der Gemischbildungen, also präziseste Regulierung bei Leerlauf.

Beiden Forderungen kommt nach den obigen Darlegungen die beschriebene Füllungsregulierung am nächsten. Wir haben hier für die Regulierung die Vorteile der hohen Verdichtung mit günstigstem Mischungsverhältnis bei normaler Leistung und die Vorteile der günstigsten Strömungsvorgänge bei Leerlauf, also über das ganze Reguliergebiet gleichgünstige Verhältnisse.

Im Vergleiche mit der Gemischregulierung, wo nur Gas allein reguliert wird und die Luft ungesteuert bleibt, hat die vorliegende Regelungsart in betriebstechnischer Beziehung zunächst den großen Vorzug, daß mit ihr niedrige Tourenzahlen und große Unterschiede in den Tourengrenzen ohne weiteres erzielt werden können. Mit der Gemischregulierung ist dies nicht möglich; Maschinen, welche damit versehen sind, können nur dann mit niedriger Tourenzahl laufen und innerhalb weiter Tourengrenzen reguliert werden, wenn eine entsprechende Veränderung der Regulierquerschnitte durch besondere Organe (Drosselklappen) vorgenommen wird; die Gemischregulierung muß in diesem Falle durch die Füllungsregulierung künstlich ersetzt werden.

Die Vorzüge der hohen Verdichtung auf die Regulierfähigkeit kommen bei der Gemischregulierung im Leerlauf deshalb nicht zur Geltung, weil hier das Mischungsverhältnis in den meisten Fällen zu nahe an die obere Grenze der Zündfähigkeit gelangt. Die Regulierung wird dadurch unsicher, und die Diagramme zeigen erfahrungsgemäß im Leerlauf große Streuungen.

Die Zündgrenzen der einzelnen Gasarten liegen m. E. doch nicht so weit auseinander, als daß eine so weitgehende Änderung des Mischungsverhältnisses gestattet wäre, wie sie die Gemischregulierung erfordert. Die Zündgrenzen selbst sind außerdem noch zu unsicher, um sie einer präzisen Regulierungsart zugrunde legen zu können.

Aus den gleichen Gründen halte ich auch die Letombe-Regulierung, mit welcher ich wiederholt Versuche anstellen konnte, nicht für günstig. Die höchste Verdichtung und die größte Verdünnung der Gemische, welche hier im Leerlauf, anstatt bei normaler Leistung, angestrebt wird, kann in erhöhtem Maße ebenfalls nur auf Kosten des Wärmeverbrauches bei normaler Leistung gehen und bezüglich der Regulierung zu unsicheren Zündungen im Leerlauf führen.

Die Gemischregulierung erfordert auch, daß der Zündzeitpunkt mit zunehmender Verdünnung der Gemische entsprechend früher erfolgt. Die verdünnten und nicht genügend komprimierten Gemische verbrennen hier so langsam, daß selbst die Zeit eines Kolbenhubes der Maschine nicht mehr zu einer vollständigen Verbrennung ausreicht, und unverbrannte Gemischreste in den Auspuff gelangen.

Bei der Füllungsregelung ist diese Zündungsverstellung für normale Tourenzahlen und innerhalb der normalen Tourenschwankungen des Regulators nicht notwendig. Dagegen ist sie auch hier nicht zu umgehen, wenn die Maschine innerhalb weiter Tourengrenzen reguliert werden soll. Die Zündung erfolgt bei normalen Tourenzahlen ca. 30 Kurbelgrade vor dem inneren Totpunkt der Maschine, während sie beim Anlassen oder bei kleinen Tourenzahlen selten früher als in der Totlage erfolgen darf.

Die Versuche, welche ich über die Verstellung des Zündzeitpunktes durch den Regulator der Maschine machen konnte, haben bemerkenswert günstige Resultate ergeben, zumal die damit entstehende Komplikation einer solchen Regulierung nicht so groß ist, wie vielfach angenommen wird.

Im allgemeinen sind die Diagramme und Versuchsergebnisse über den Wärmeverbrauch der einzelnen Regulierungsarten von Gasmaschinen mit gewisser Vorsicht aufzunehmen und für einen Vergleich meistens nicht maßgebend; denn in den meisten Fällen entsprechen die gegebenen Wertziffern und Diagramme nicht der betreffenden Regelungsart, sondern den jeweilig von Hand eingestellten günstigsten Regulierquerschnitten und Zündzeitpunkten. Für einen maßgebenden Vergleich können aber nur solche Werte benützt werden, die die betreffende Regelungsart unter normalen Betriebsverhältnissen ohne jede Verstellung der maßgebenden Organe ergibt.

Eine Verstellung der Regulierung durch die vorgebauten Drosselklappen usw. ist nur dann zulässig, wenn unbeabsichtigte Änderungen des Mischungsverhältnisses eintreten, oder Änderungen in der Qualität des Gases vorliegen. In allen anderen Fällen muß die Regulierung selbsttätig arbeiten und von der Gemischbildung aus den gesamten Gasmaschinenprozeß sicher beherrschen.

Eine solche Forderung bedingt aber auch besonders ausgebildete Mischorgane.

Trotz der bestimmten und festen Normen, die der Gasmaschinenbau sonst für die Durchbildung seiner Details als Verbrennungskraftmaschine im Anschluß an die bewährten Konstruktionselemente des Dampfmaschinenbaues angenommen hat, bestehen im Gegensatz hierzu für seine Misch- und Regelvorrichtungen noch eine große Anzahl von abweichenden und zum Teil sehr verwickelten Konstruktionen.

Als maßgebende Grundsätze müssen wir von den Misch- und Regelvorrichtungen fordern:

1. Homogene Mischung und
2. präzise Abmessung des Mischungsverhältnisses und der Gemischmengen für die einzelnen Ladungen.

Die Abhandlungen im II. Abschnitt, Abs. IV., über die homogene Gemischbildung haben dort gezeigt, daß für die Herstellung einer guten Mischung nur solche Mischvorrichtungen in Betracht kommen können, welche die längste Diffusionszeit besitzen. Dieser Umstand ist auch entscheidend für die Wahl der mit den Mischvorrichtungen zusammenhängenden Regelorganen der Viertaktmaschinen. Es empfiehlt sich danach im Interesse einer günstigen Mischung hier nicht, jene Regelvorrichtungen zu verwenden, welche die Mischzeit mit geringer werdender Belastung verkürzen (Klinksteuerungen), sondern solche Regelorgane vorzuziehen, die während des ganzen Saughubes mischen, also den Kraftträger durch veränderliche Drosselung zuführen.

Es ist naheliegend, für diesen Vorgang die an und für sich einfachen Drosselklappen in die Saugleitungen der Maschine einzubauen, zumal sich dadurch ein besonders einfacher Eingriff des Regulators in die Regelorgane ergibt. Dieselben können jedoch in keinem Falle als sichere Abschlußorgane gelten, sie erfordern daher noch ein besonderes Ventil, welches gleichzeitig den sicheren

Abschluß des Mischraumes gegen die Rohrleitung übernimmt. In Verbindung mit der Drosselklappenregulierung wird dieses Ventil fast ausschließlich als selbsttätiges Mischventil ausgeführt, welches sich frei in dem Saugstrome des Gemisches bewegt und nur durch den Saugdruck im Zylinder betätigt wird. Die Drosselklappen werden hier durch den Regulator für eine Belastung stets in der gleichen Stellung festgehalten, sie wirken als Regelorgan für die einzelnen Ladungen erst von dem Moment ab, wo das Mischventil größere Querschnitte als die Drosselklappe freigibt; in allen anderen Kolbenstellungen ist die Mischung und Regulierung dem selbsttätigen Mischventil überlassen. Die Mischung kann hier nicht immer sicher beherrscht werden, insbesondere wenn Verschmutzungen des Ventiles durch Teer und Gasstaub eintreten, und wenn geringe Saugdrücke, wie bei kleinen Tourenzahlen, vorhanden sind

Außerdem bringt die bauliche Ausführung noch den Übelstand mit sich, daß die Misch- und Regelquerschnitte örtlich weit voneinander getrennt sind. Der Mischraum zwischen dem Einlaßventil und den Regulierquerschnitten wird hier unverhältnismäßig groß, so daß die Präzision der Regulierung unter dem Einfluß der in diesem Raume vorhandenen Gemischreste stark leidet.

Die gestellten Forderungen können nur durch zwangläufig gesteuerte Mischvorrichtungen erfüllt werden, und zwar nach meinen Erfahrungen am besten durch die Mischvorrichtung, wie sie in der folgenden Fig. 22 angedeutet ist, und wie sie den Ausführungen der Maschinenbaugesellschaft Nürnberg entspricht.

Die auf S. 41 beigegebenen Diagramme wurden mit einer solchen Vorrichtung erhalten.

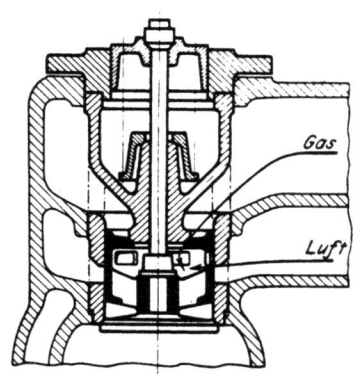

Fig. 22.

Mischventil und Einlaßventil sind hier an einer Spindel befestigt und werden gemeinsam von einer Steuerung mit veränderlichem Hub derart zwangläufig betätigt, daß beide während des ganzen Saughubes der Maschine, den Belastungen entsprechend, mehr oder weniger offen gehalten werden. Die bauliche Gestaltung dieser Mischvorrichtung hat zunächst den Vorteil, daß **Mischquerschnitt und Regulierquerschnitt auf den denkbar kleinsten Raum** zusammengedrängt sind. Die Mischdrücke können dadurch sicher beherrscht werden und die Abmessung der Gemischmengen für die einzelnen Belastungen geht hier sicher vor sich und steht außer dem Einfluß von Gemischresten des vorhergehenden Arbeitsspieles.

Durch die Form der Ventilerhebungskurven und der Regulierquerschnitte dieses Mischventiles kann hier ferner allen Betriebsverhältnissen, solange es sich dabei um gesetzmäßige Strömungsvorgänge handelt, in geeigneter Weise bis herab zu den **kleinsten Tourenzahlen** Rechnung getragen werden.

Werden dann außerdem für die unbeabsichtigten, nicht gesetzmäßigen Strömungsvorgänge die Regulierungsquerschnitte durch Verdrehen des Mischschiebers von Hand angepaßt, so bleibt damit auch die örtlich günstige Lage der Misch- und Regulierquerschnitte für die neuen Betriebsverhältnisse bestehen.

Schließlich mag bei der vorliegenden Mischvorrichtung für eine homogene Mischung noch der Vorteil nicht unerwähnt bleiben, daß der Gemischstrom auch bei den kleinen Belastungen durch das Einlaßventil nochmals gedrosselt und dadurch die Mischung verbessert wird.

E. Kurze Bewertung des Zweitaktes von v. Oechelhaeuser oder Körting nach gleichen Gesichtspunkten.

Die große Bedeutung, welche die Gemischbildung für den Gasmaschinenprozeß hat, legt an und für sich den Gedanken nahe, für die Gemischbildung auch eigene Maschinen zu verwenden. Es erscheint dem Konstrukteur zweckmäßig, für diese wichtige Funktion Maschinen, unabhängig vom Verbrennungszylinder, zu konstruieren und diese so durchzubilden, wie sie für diesen Zweck ausschließlich am besten geeignet sind.

Schon allein der große Unterschied in den Konstruktionsdrücken, der zwischen der Verbrennung und der Gemischbildung vorhanden ist, begründet eine solche Trennung des gesamten Prozesses. Bekanntlich erfordert die Verbrennung, die noch dazu die kürzeste Zeit des ganzen Arbeitsspieles einnimmt, einen Konstruktionsdruck von 40 atm, während für die Gemischbildung ohne Verdichtung im vorliegenden Falle höchstens 2 atm in Frage kommen.

Die zweckmäßige Durchbildung solcher Maschinen gewährleistet dann eine sichere Gemischbildung. Gas und Luft können hier voneinander getrennt angesaugt und in getrennte Druckräume bis direkt vor die Mischstelle befördert werden. Die Mischung selbst erfolgtdann unter einem Überdruck von ca. 1 atm in einem Raume, der durch die Pumpenventile gegendie Ansaugleitungen und Meßvorrichtungen vollkommen abgeschlossen ist.

Eine Beeinflussung der Mischung bzw. des Mischvorganges durch irgendwelche Druckschwankungen oder Massenschwingungen in den Ansaugleitungen ist hier ausgeschlossen, und die Mischung kann von dieser Seite her ungestört vor sich gehen. Die einmal durch die Reguliervorrichtungen abgemessenen und in die Laderäume geförderten Gas- und Luftmengen müssen sich in allen Fällen mischen, ohne daß einer der beiden Ströme den anderen von der Einströmung in den Mischraum abzuhalten vermag. Die Abmessung der Gemischmengen und die Mischung gehen daher hier auch bei den kleinsten Tourenzahlen sicher vor sich.

Zweitaktmaschinen laufen deshalb auch unter Last stets sicher an und eignen sich vorzugsweise als Antriebsmaschinen für Pumpen, Gebläse und Walzenzugsmaschinen mit stark veränderlichen Tourenzahlen.

Was die Regulierung selbst, insbesondere die Gleichförmigkeit des Ganges innerhalb einer Belastung anbetrifft, so leiden die Zweitaktmaschinen hauptsächlich an einer zu kurzen Mischzeit. Die Mischung muß hier während der kurzen Zeit des Hubwechsels der Maschine erfolgen, und die Zweitaktwirkung wird nur auf Kosten der Mischzeit erkauft, die noch durch die Ausspülung der Verbrennungsprodukte aus dem Zylinder verkürzt wird. Auch tritt hier die große örtliche Trennung der Regulier- und Mischquerschnitte in erhöhtem Maße nachteilig in Erscheinung.

Zweitaktmaschinen weisen deshalb stets große Streuungen in den Diagrammen auf und eignen sich weniger für solche Fälle, wo es sich um geringe Tourenschwankungen, wie z. B. für den Parallelbetrieb von Dynamomaschinen, handelt.

Die Regulierung wird dagegen auch hier umso vollkommener, je mehr es gelingt, die Drücke in den Druckräumen der Gemischpumpen während der Mischung gleich hoch zu halten. Zu dem Zwecke wäre jedoch erforderlich, daß auch hier, ebenso wie beim Viertakt, sowohl Luft wie Gas unter dem Einfluß des Regulators stehen, und die Regulierung derart erfolgt, daß die Drücke in den Laderäumen mit abnehmender Belastung gleichfalls abnehmen, eine Forderung, die aber nur dann vollständig erfüllt werden kann, wenn die Spülluft unabhängig von der Verbrennungsluft ebenfalls durch eigene Pumpen in den Zylinder gefördert wird.

Dies würde aber zu neuen noch größeren Komplikationen im Ladeverfahren führen, als sie der heutigen Zweitaktmaschine an und für sich schon eigen sind.

MIX
Papier aus verantwortungsvollen Quellen
Paper from responsible sources
FSC® C105338

If you have any concerns about our products,
you can contact us on
ProductSafety@springernature.com

In case Publisher is established outside the EU,
the EU authorized representative is:
**Springer Nature Customer Service Center GmbH
Europaplatz 3, 69115 Heidelberg, Germany**

Printed by Libri Plureos GmbH
in Hamburg, Germany